ÉTUDE
GÉOLOGIQUE ET PALÉONTOLOGIQUE

LE CALLOVIEN

DE

BAUME-LES-DAMES

(DOUBS)

SA FAUNE

PAR

Paul PETITCLERC

MEMBRE DE LA SOCIÉTÉ GÉOLOGIQUE DE FRANCE

VESOUL

IMPRIMERIE ET LIBRAIRIE LOUIS BON

—

1906

ÉTUDE
GÉOLOGIQUE ET PALÉONTOLOGIQUE

LE CALLOVIEN

DE

BAUME-LES-DAMES

(DOUBS)

SA FAUNE

PAR

Paul PETITCLERC

MEMBRE DE LA SOCIÉTÉ GÉOLOGIQUE DE FRANCE

VESOUL

IMPRIMERIE ET LIBRAIRIE LOUIS BON

—

1906

LE CALLOVIEN

DE

BAUME-LES-DAMES (Doubs)

SA FAUNE

A mon cher Ami

Alfred GEVREY

Conseiller a la Cour d'Appel

de Grenoble

LE CALLOVIEN

DE

BAUME-LES-DAMES (Doubs)

SA FAUNE

Par Paul PETITCLERC

INTRODUCTION

Le Callovien, rarement à découvert dans nos départements de l'Est, se montre particulièrement intéressant à Baume-les-Dames.

La zone, que l'on peut y étudier facilement, est caractérisée par la présence du *Reineckea anceps* (1) : elle représente donc la partie moyenne de l'étage callovien (pars Callovien II, de M. Choffat) (2).

A ma connaissance, les auteurs qui ont publié (antérieurement à l'année 1880) : soit des cartes géologiques, soit des écrits, notes ou documents sur la région si pittoresque s'étendant de Montbéliard à Besançon, n'ont pas parlé de notre gisement (3) : tous, plus ou moins, semblent avoir méconnu, je ne dirai pas l'existence, mais bien la richesse en espèces et en individus des calcaires ferrugineux de l'ancien chemin déclassé de Cendrey, appelé par les gens de l'endroit : chemin des « Marnières ».

A partir de 1881, par exemple, l'activité des savants se réveille : M. W. Kilian, chargé d'établir la carte géologique détaillée de Montbéliard, explore le pays en tous sens : il reconnaît l'importance de

(1) Voir la page 31 (renvoi nᵒ 1) où il est question de cette Ammonite.

(2) CHOFFAT. *Esquisse du Callovien et de l'Oxfordien dans le Jura occidental*, p. 103 (Mém. de la Soc. d'Émul. du Doubs, 5ᵉ série, IIIᵉ vol.). 1878.

(3) Il ne saurait être question ici de M. Paul Choffat, le si sympathique collaborateur au service de la carte géologique du Portugal. M. Choffat a certainement connu le gisement callovien de Baume-les-Dames, puisqu'il cite cette localité dans son Esquisse (p. 105) ; mais il n'avait pas à s'étendre sur la Faune de cette station, du moment où elle ne rentrait pas dans le cadre de son étude.

la station de Baume les Dames et y recueille une vingtaine d'espèces calloviennes ; j'aurai l'occasion de les nommer dans les pages suivantes.

Après lui, Georges Boyer (le regretté auteur de l'Atlas orogéologique du Doubs) parcourt le chemin de Cendrey ; il est frappé de l'abondance des fossiles et il en réunit un certain nombre pour les comparer avec ceux des parties du Jura qu'il a déjà visitées (1).

A son tour, M. le D⟨r⟩ Albert Girardot va sur le terrain, précise le niveau des calcaires ferrugineux et en dresse la coupe (2).

En 1896, je me rends moi-même à Baume-les-Dames, en mettant à profit les utiles indications de mon obligeant confrère de Grenoble, M. Kilian ; je fais pratiquer de petites tranchées sur divers points du gisement et en retire plus de 50 espèces.

En 1901, L. Jourdain, que la mort vient d'enlever d'une façon si foudroyante (3), séduit par l'attrait irrésistible que procurent les courses géologiques, consacre, sans compter avec sa santé, les loisirs que lui laissent ses fonctions de magistrat. Il fouille, avec un soin méticuleux, non seulement les calcaires et les marnes du vieux chemin de Cendrey, mais encore les carrières et affleurements si variés des environs de Belfort.

Il arrive ainsi à former, dans l'espace de moins de cinq années, une collection qui aurait eu, pour moi, un prix inestimable, si son propriétaire avait pris la sage précaution d'étiqueter moins sommairement le fruit de ses patientes recherches (4).

A citer encore parmi les personnes qui ont travaillé les calcaires de Baume-les-Dames : MM. Caillet (Emmanuel et Henri), Clerc (Charles), Garret (Georges) ; tous les quatre habitent Vesoul, ce sont d'adroits et inlassables chercheurs.

Position du Gisement

Le gisement qui fait l'objet de cette note est situé à l'Ouest, à très peu de distance de la gare de Baume les Dames (1,200 mètres environ) ;

---

(1) Je n'ai pu retrouver la trace de cette récolte, dans le meuble contenant la petite Collection Boyer, actuellement déposée à la Faculté des sciences de Besançon.

(2) D⟨r⟩ Albert Girardot. *Le Système oolithique*, p. 99. 1896.

(3) L. Jourdain a succombé, dans les premiers jours du mois d'octobre dernier, aux suites d'une méningite grave, qui n'a pu être conjurée, malgré les soins éclairés de de plusieurs médecins.

(4) J'ai pu acquérir la collection paléontologique rassemblée par L. Jourdain ; je me ferai un devoir de citer, chaque fois que l'occasion s'en présentera, les espèces recueillies à Baume-les-Dames par ce collectionneur modeste, doublé d'un homme intelligent.

il est d'autant plus facile à découvrir que le passant, en se rendant à
la Bretenière, foule les calcaires Calloviens. Ceux ci affleurent, en
maints endroits, sur le versant Est de l'une des collines qui dominent
le pays et entourent la ville de tous côtés, en laissant toutefois le
passage libre au Doubs, belle et poissonneuse rivière dont les eaux
font marcher d'importantes usines (1).

En descendant de la gare, le touriste désireux de se procurer
quelques fossiles, gagnera d'abord la route de Besançon. Arrivé près
d'un groupe isolé de 2 ou 3 maisons, il quittera ensuite la grande
route pour suivre un chemin qui passe sous la voie ferrée.

La ligne franchie, il devra tourner à gauche et longer cette même
ligne pendant quelques instants : le chemin, de plat qu'il était,
deviendra bientôt montueux, raboteux et accidenté : c'est là qu'il
pourra voir en place les calcaires calloviens, je les considère comme
très fossilifères.

Au-dessus de cette formation régnent des marnes grises.

Les couches inférieures contiennent quelques Ammonites dépen-
dant du Callovien supérieur : les couches qui les surmontent renferment la faune habituelle de la zone à *Creniceras Renggeri*.

Malheureusement, cet ensemble marneux est recouvert en grande
partie par la végétation, en sorte que les fossiles y sont assez
clairsemés.

Néanmoins, en groupant mes trouvailles avec celles de L. Jourdain,
j'ai pu réunir plus de 50 espèces.

COUPE SUR LE CHEMIN DÉCLASSÉ DE CENDREY

J'emprunte à M. Albert Girardot la coupe suivante qu'il a publiée
dans sa belle étude « Le Système oolithique » (2).

CORNBRASH

1. Calcaire gris grenu, très oolithique, oolithes miliaires mélan-
    gées de grains cannabins et de grains pisiformes : par place,
    la roche devient blanche et feuilletée...................... 1^m00

---

(1) La colline qui domine la gare s'appelle le « Mont », celle sur laquelle s'appuient
les calcaires calloviens porte le nom de « Flegmont ».

(2) Dr A. Girardot. *Le Système oolithique*, p. 99, 1896.

CALLOVIEN

2. Calcaire rougeâtre, grenu, spathique et comme formé d'innombrables cristaux de Spath agglomérés par un ciment rouge ferrugineux... 0ᵐ10

3. Calcaire gris spathique, avec quelques oolithes diffuses dans la roche et veiné de Spath, offrant sur certains points l'aspect d'un conglomérat et renfermant des nodules ferrugineux, gros comme un œuf ou comme le poing, et des fossiles ferrugineux... 0ᵐ60

    Perisphinctes funatus, Backeriæ; Cosmoceras Duncani, calloviensis; Reineckia anceps, Harpoceras hecticum, Pecten vitreus, Waldheimia obovata, Rhynchonella varians.

4. Couche presque entièrement ferrugineuse et un peu calcaire, avec nodules et fossiles ferrugineux...................... 0ᵐ05

    Même faune.

5. Marno calcaire très dur, gris ou jaune clair par place, fossiles nombreux... 0ᵐ40

    Perisphinctes sulciferus, Cosmoceras Jason, Duncani; Reineckia anceps, Harpoceras hecticum, Goniomya aff. trapezina, Pecten vitreus, Waldheimia obovata, Rhynchonella varians.

6. Marne grise, terreuse, en partie recouverte............... 5ᵐ00

    Cosmoceras Duncani, Reineckia Fraasi, Harpoceras hecticum, Aptychus sp., Terebratula dorsoplicata.

7. Marne oxfordienne recouverte.

Observations au sujet de cette coupe

Couche 3. — D'accord avec mon confrère de Besançon, *Perisphinctes Backeriæ* doit être éliminé de cette citation. On donnait autrefois, avec trop de facilité, le nom de *Backeriæ* à certaines Ammonites calloviennes et même oxfordiennes, qui portaient des étranglements sur les flancs ainsi que des nœuds paraboliques sur la région siphonale.

Cosmoceras Duncani. Je n'ai rien vu, dans la collection de M. Girardot, qui puisse se rapporter franchement à cette forme très rare dans nos départements de l'Est. M. Girardot, en me faisant voir avec beaucoup d'obligeance sa série de Baume, m'a, du reste, laissé entendre qu'il se rappelait avoir inscrit *C. Duncani*, dans sa lis'e, sur les indications de M. Boyer.

Cosmoceras calloviensis. Le fragment d'Ammonite appelé *C. cal-loviensis* est trop peu considérable pour pouvoir affirmer que cette forme existe à Baume ; je dois dire cependant que la région siphonale de ce fragment est aplatie, comme dans la fig. ii de la Paléontologie f^{ise} ; les flancs, de leur côté, ne portent pas de tubercules, mais seulement des côtes en faisceaux, caractères présentés par *C. callo-viensis* Sow. sp.

Waldheimia oborata. Est plutôt une espèce bathonienne. Il y a bien une certaine ressemblance entre *W. oborata* Sow. sp. et les sujets du Doubs, mais ceux-ci ont une forme moins transverse, plus ovalaire ; puis, le bord frontal est moins plissé, etc.

Couche 5. — *Cosmoceras Duncani.* Même observation que précédemment.

Waldheimia oborata. Même remarque que plus haut.

Couche 6. — *Cosmoceras Duncani.* Lire *C. ornatum.*

Il s'agit bien ici du *C. ornatum* Schlot. sp. ; reconnaissable aux deux rangées de tubercules en pointe, qui ornent les flancs.

On est assez enclin à prendre l'une pour l'autre de ces deux espèces. Pour éviter toute confusion, j'engage mes jeunes lecteurs à se reporter à la note de M. L. Brasil sur les genres *Peltoceras* et *Cosmoceras ;* il y trouveront des renseignements très utiles (1).

Harpoceras hecticum. A ce niveau, on rencontre des formes voisines d'*H. hecticum,* mais non pas le type vrai de Reinecke. Elles sont difficiles à distinguer de *H. lunula* Ziet. et de *Hecticoceras puncta-tum* Stahl, à cause de la petitesse des coquilles.

---

(1) L. Brasil. Les genres *Peltoceras* et *Cosmoceras* dans les couches de Dives et de Villers sur-Mer (Extr. du Bull. de la Soc. géol. de Normandie, t. XVII) Hàvre. 1896.

DÉSIGNATION DES ESPÈCES

VERTÉBRÉS

POISSONS

N° 1. — **Asteracanthus ornatissimus** Agassiz.

Synonymie (1) :

1836 *Asteracanthus ornatissimus* Agas. Recherches sur les Poissons
fossiles, Vol. III, p. 31. tab. 8.
Id. *Strophodus reticulatus* Agas. (Loc. cit.), p. 123, tab. 17.
1904 *Asteracanthus ornatissimus* Riche, Étude stratigr. et pal. sur
la zone à *Lioceras concavum* du
Mont d'Or lyonnais, p. 75, pl. I,
fig. 1 (Ann. de l'Univ. de Lyon,
nov. série, fasc. 14).

Le mot *Strophodus*, employé pendant de longues années pour
désigner ces dents robustes, épaisses, en forme de quadrilatère allongé,
que l'on rencontre dans nos terrains jurassiques, à partir du Bajocien (2), est maintenant tombé en désuétude depuis les découvertes
d'un savant anglais M. Smith Woodward (3).

Ce savant a trouvé, paraît-il, sur la même plaque : des dents de
Strophodus et des rayons épineux d'*Asteracanthus* (4). Il en a conclu
naturellement que ces deux espèces de fossiles représentant le même
Poisson devaient entrer en synonymie l'une de l'autre.

(1) Il est maintenant d'usage d'écourter la synonymie. J'estime pourtant que les
débutants en géologie, auront grand avantage à savoir où ils trouveront les définitions
les plus complètes comme aussi les reproductions les plus fidèles des espèces qu'ils
se proposent d'étudier.

(2) P. Petitclerc, 1894. La faune du Bajocien inf. dans le Nord de la Franche-
Comté, p. 58 ; 1901. Supplément à la même faune. p. 23.

(3) Annals and Magazine of Natural History, London, 6e série, II, 1888 : p. 336,
pl. 12 ; Catalogue of the fossil Fishes in the British Museum, I, 1889 : p. 307.

(4) Les rayons épineux d'*Asteracanthus* sont chose commune dans le *Bone bed*
de la Haute-Marne ; ils sont accompagnés de dents appartenant aux genres : *Acrodus*,
Hybodus, *Sargodon*, etc., n'ayant aucun rapport avec les dents dont je viens de
parler.

Les dents des calcaires de Baume sont plus petites, plus étroites, moins épaisses que celles du Bajocien, de l'Oxfordien etc., de la Haute Saône : elles ont de l'analogie avec les dents d'*Ast. tenuis* Agas. (loc. cit., p. 127, tab. 18, fig. 16 à 25). Je ne veux cependant pas les séparer d'*Ast. ornatissimus*, ne sachant pas si, en France, on a déjà recueilli des restes d'*Ast. tenuis*, dans l'étage callovien (1).

Couche 5, de la coupe de M. Girardot ; deux exemplaires non entiers. Ma Collection.

ANNÉLIDES

N° 2. — Serpula gordialis Schlotheim.

Synonymie :

1820	*Serpula gordialis*	Schlot. Die Petrefactenkunde, p. 96.
1876	— ...	P. de Loriol. Monogr. pal. de la zone à *Amm. tenuilobatus* de Baden, 1re partie, p. 8, pl. I, fig. 3 (Mém. de la Soc. pal. suisse, vol. III).
1894	— —	P. Petitclerc. La Faune du Baj. inf. dans le Nord de la Franche-Comté, 2e partie, p. 61 (Ext. des Mém. de la Soc. d'Emul. de Montbéliard).

Cette Serpule est très rare à Baume, elle est presque toujours déformée ou écrasée.

Couche 5, plusieurs exemplaires en mauvais état. Ma Collection.

N° 3. — Galeolaria (Serpula) socialis Goldfuss.

Synonymie :

1826	*Serpula socialis,*	Goldf. Petref. Germ., t. I, p. 223, tab. LXIX, fig. 12.
1900	*Galeolaria socialis,*	Ed. Greppin. Descr. des fossiles du Baj. sup. des env. de Bâle, 3e partie, p. 184 (Mém. de la Soc. pal. suisse, vol. XXVII).

(1) En Angleterre, dans le Bathonien de Stonesfield (localité que j'ai visitée en 1901), on a signalé plusieurs fois des dents d'*Asteracanthus tenuis*.

| 1902 | *Galeolaria socialis,* | P. Petitclerc. Faunule du Vésulien (Bathonien inf.) de la Côte d'Andelarre, H^{te}-Saône, p. 377 (Feuille des jeunes Naturalistes, v^e série, n° 378). |

Cette Serpule, formée de petits tubes cylindriques, réunis en faisceaux plus ou moins volumineux, ne paraît pas avoir prospéré dans les calcaires de Baume ; on n'en trouve que des débris insignifiants.

Couche 5, un seul échantillon convenable, permettant de voir la disposition des tubes. Collection E. Caillet.

CÉPHALOPODES

N° 4.-- Belemnites (Hibolites) hastatus (Montfort), Blainville.

Synonymie :

1808	*Hibolites hastatus,*	Montf. Conch. syst., p. 386.
1827	*Belemnites hastatus,*	Blainv. Mém. sur les Bélemnites, p. 71, pl. II, fig. 4.
1842-49	—	d'Orb. Pal. f^{ise}, Terr. juras., t. I, Céphalopodes, p. 121, pl. 18, fig. 1-9.
1902	*Belemnites* (Hibolites) *hastatus,*	P. de Loriol. Etude sur les Moll. et Brach. de l'Oxf. sup. et moyen du Jura lédonien, p. 5, pl. I, fig. 1 (Mém. de la Soc. pal. suisse, vol. XXIX).

Je ne m'étendrai pas sur cette Bélemnite si commune dans les marnes de l'Oxfordien inf. du Doubs et si connue des collectionneurs. Dans les calcaires rognonneux du chemin de Cendrey, il est impossible de se procurer des échantillons entiers ; il faut se contenter de fragments de rostres ou d'alvéoles.

Couche 5, portions de rostres indiquant la grande taille des coquilles. Ma Collection.

N° 5.— Nautilus calloviensis, Oppel.

Synonymie :

| 1842-49 | *Nautilus hexagonus,* | d'Orb. Pal. f^{ise}, Terr. juras., t. I, Céphalopodes, p. 161, pl. 35, fig. 1-2. |

1856-58   *Nautilus calloviensis,*   Oppel. Die Juraf., Callovien, p. 547, n° 6.

1905   —   —   A. Girardot. Paléontostatique jurassique, p. 73.

Le moule est lisse, peu comprimé, la région siphonale aplatie, la bouche plus haute que large, l'ombilic étroit, les cloisons sinueuses, plus échancrées sur les flancs que sur le milieu du dos.

Couches 3 et 5, cinq exemplaires (dont deux proviennent des récoltes de L. Jourdain). Ma Collection.

N° 6. — Nautilus (Aganides) franconicus, Oppel.

Synonymie :

1846-49   *Nautilus aganiticus,*   Qu. Cephalopoden, p. 50, tab. 2, fig. 6.

1856-58   ---   —   Oppel. Die Juraf., Oxfordien, p. 686, n° 181.

1870   —   ---   Roem. Geologie v. Oberschlesien, p. 252, taf. 24, fig. 6.

1875   *Nautilus franconicus,*   Ammon. Die jura-ablagerungen zwischen Regensburg und Passau (Abhandl. des zool.-mineral. Vereines in Regensburg), p. 163, tab. 1, fig. 1.

Id.   —   —   Favre. Descr. des fossiles du Terr. juras. de la montagne des Voirons, Savoie, p. 16, pl. I, fig. 6 (Mém. de la Soc. pal. suisse, vol. II).

1887 *Nautilus* (Aganides) *franconicus,* Zittel. Traité de Pal., t. II, p. 382, fig. 542.

1891   —   —   Siemir. Fauna Kopalna warstw Oxfordzkich i Kimerydzkich, p. 4, n° 5.

Les deux sujets que j'ai examinés sont bien conservés, ils ont la plus grande ressemblance avec les types de Quenstedt, Roemer, Ammon, Favre et Zittel : ils sont comprimés, lisses, ombiliqués ; l'ouverture est plus haute que large, le dos arrondi ; les cloisons sont fortement échancrées et très sinueuses.

Cette espèce n'est commune nulle part. Etallon l'avait rencontrée à Percey-le-Grand (Haute Saône), M. de Riaz l'a signalée à Trept (Isère).

Couche 5, Collections E. Caillet et la mienne.

N° 7. — **Cosmoceras Jason** Reinecke.

Synonymie :

1818	*Nautilus Jason*	Rein. Maris protogæi Nautilos et Argonautas, p. 62, n° 8, fig. 15-17.
1830	*Ammonites Jason*	Ziet. Die Verstein. Württembergs, p. 5, tab. IV, fig. 6.
1881	*Cosmoceras Jason*	Nikitin. Die Jura-Ablagerungen zwischen Rybinsk, p. 69, pl. IV, fig. 28 (Mém. de l'Acad. imp. des sciences de Saint-Pétersbourg, VIIᵉ série, t. XXVIII, n° 5).
1896	— —	Brasil. Les genres *Pelloceras* et *Cosmoceras* dans les couches de Dives, p. 14, pl. IV, fig. 6-7. (Extr. du Bull. de la Soc. géol. de Normandie, t. XVII).

Quelques-uns de mes échantillons ont la physionomie générale du *C. Jason* de M. Brasil ; ils sont toutefois un peu plus comprimés, avec l'ombilic plus large. Ils se rapportent davantage à la fig. 4a, tab. 10, de Quenstedt, dans Cephalopoden.

Couches 3, 4, 5, plusieurs bonnes pièces : Collections E. et H. Caillet, Ch. Clerc, G. Garret, A. Girardot et la mienne.

N° 8. — **Cosmoceras Gulielmi** Sowerby.

Synonymie :

1821	*Ammonites Gulielmii*	Sow. Min. Conch., vol. IV, p. 5, tab. CCCXI.
1883	*Cosmoceras Gulielmii*	Lah. Die Fauna der Juras. Bildungen des Rjasanschen Gouv., p. 57, tab. VII, fig. 7. (Mém. du Comité géol. de Russie, vol. I, n° 1).
Id.	*Cosmoceras* m.f. *Jason*	Teisseyre. Cephal. der Ornathenthone 1, Gouv. Rjasan, tab. II, fig. 14 (In Sitzb. d. Akad. d. Wis. Wien, vol. 88).
1886-87	*Ammonites Jason*	Qu. Die Ammoniten des Schwabischen Jura, Band II, p. 714, tab. 83, fig. 4 surtout.

Cette forme est beaucoup plus répandue que la précédente ; elle en diffère sensiblement. Je crois pouvoir la réunir au *C. Gulielmi* Sow., après m'être assuré qu'elle présentait bien les caractères d'un sujet type, en provenance de Rybinsk (Russie).

C. Gulielmi a les tours moins larges que *C. Jason*, les petits tubercules (placés sur les deux côtés de la région siphonale) plus saillants ; les côtes sont aussi moins nombreuses ; enfin, les tubercules des deux rangées du pourtour de l'ombilic plus proéminents, surtout ceux du milieu des flancs.

Couches 3, 4 et 5, commun ; souvent associé avec *Hecticoceras punctatum* Stahl et *Rhynchonella Ferryi* E. Desl. Collections E. et H. Caillet, Ch. Clerc, G. Garret et la mienne.

N° 9. — Harpoceras aff. excavatum Noetling.

Synonymie :

1887 *Harpoceras excavatum*   Noell. Der Jura am Hermon, p. 24, taf. IV, fig. 1.

J'ai constaté une analogie frappante entre un *Harpoceras* de Baume et le type de M. Noetling. Mon sujet est de petite taille, il a le dos arrondi, les tours très peu recouverts ; les côtes fines, rapprochées et flexueuses, à l'instar de celles du type. Seulement, les cloisons ne sont pas visibles, d'où mon hésitation à identifier les deux *Harpoceras*.

Couche 5, un seul exemplaire bien conservé. ma Collection.

N° 10. — Harpoceras lunula Zieten.

Synonymie :

1830   *Ammonites lunula*   Ziet. Die Verstein, Württembergs, p. 14, tab. X, fig. 11.

1847 *Ammonites hecticus lunula* Qu. Cephal. (pars), p. 118, tab. 8, fig. 2.

1856-58   *Ammonites lunula*   Oppel. Die Juraf., Callovien, p. 553, n° 22.

1871   *Harpoceras lunula*   Neum. Die Cephal. Fauna der Ool. v. Balin, p. 28, tab. IX, fig. 17 (Heraus. v. der K. K. geol. Reich. Abhand. Band V, Heft n° 2).

On rencontre à Baume-les-Dames les deux variétés d'*H. lunula*, créées : l'une, par Reinecke, en 1818 : l'autre, par Zieten, en 1830.

M. Kilian a pu trouver la première, nous avons, M. Garret et moi, recueilli la seconde ; elle atteint une plus grande dimension et est privée des tubercules transverses et obliques du pourtour de l'ombilic.

Couche 5, un bel exemplaire, appartenant à M. Georges Garret ; deux autres, à peu près entiers (l'un a 0m065 de diamètre), ma Collection.

Nº 11. — **Hecticoceras mathayense** Kilian.

Synonymie :

1824	*Ammonites punctatus*	Stahl. Ueberscht. über die Verstein. Würtemb., p. 48, fig. 8 (Würtemb. landwirth. Corresp., vol. VI).
1890	*Harpoceras* (Ludwigia) *mathayense*	Kilian. Sur quelques Céphalopodes nouveaux ou peu connus de la Période second., p. 3, pl. 1, fig. 1-2 (Extr. des Ann. de l'Enseign. sup. de Grenoble, t. II, nº 2).
1895	*Hecticoceras mathayense*	Parona et Bon. Sur la Faune du Call. inf. de Savoie, p. 104 (Extr. des Mém. de l'Acad. de Savoie, 4e série, t. VI).

Voici une forme intéressante, elle paraît localisée dans le département du Doubs. Découverte en 1889, à Mathay, dans les couches limoniteuses du Callovien, par M. Kilian, je l'ai retrouvée récemment à Baume-les-Dames.

Elle a un air de famille incontestable avec *H. punctatum* Stahl sp., mais son épaisseur est plus considérable ; la face siphonale, bien qu'offrant trois carènes, est plus arrondie ; les tours sont un peu moins recouverts aussi, les côtes secondaires moins courtes.

Couche 5, deux exemplaires dont l'un (d'assez forte taille) est transformé en Pyrite de Fer. Ma Collection.

Nº 12. — **Hecticoceras hecticum** Reinecke.

Synonymie :

1818	*Nautilus hecticus*	Rein. Maris protogæi Nautilos et Argonautas, p. 70, fig. 37-38.
1842-49	*Ammonites hecticus*	d'Orb. Pal. faise, Terr. juras., vol. I, (Céphalopodes), p. 432, pl. 152, fig. 1-2.

2

1856-58	*Ammonites hecticus*	Oppel. Die Juraf., Callovien, p. 552, n° 20.
1893	*Hecticoceras hecticum*	Bon. Hecticoceras novum genus Ammonidarum, p. 73 (Boll. del Soc. malac. italiana, vol. XVIII).
1905	—	— A. Girardot. Paléontostatique jurassique, p. 64.

L'ornementation de cette espèce est variable. Tantôt les protubérances qui terminent les côtes principales sont saillantes, tantôt elles semblent effacées. Chez certains sujets, la coquille est renflée ; chez d'autres, elle est comprimée. A mon humble avis, ces différences dans l'ornementation et l'épaisseur ne doivent pas amener le scindement de ces deux catégories de fossiles.

Couche 5, un bel exemplaire (Collection E. Caillet) ; plusieurs autres à M. Ch. Clerc et à moi-même. Je n'ai pas retrouvé, chez M. A. Girardot, les échantillons qu'il avait attribués à *H. Hecticum*, de la couche 3 de sa coupe.

N° 13. — **Hecticoceras** f. ind. aff. **Krakoviense** ? Neumayr.

Synonymie :

| 1871 | *Harpoceras Krakoviense* | Neum. Die Cephal-Fauna der Ool. v. Balin (pars), p. 28, tab. IX, fig. 5. Heraus. v. der K. K. geol. Reich. Abhand. Band V, Heft n° 2). |
| 1886 | *Hecticoceras* f. ind. aff. *Krakoviense* | Buk. Ueber die Jurabild. v. Czenstochau in Polen, p. 99, taf. XXV, fig. 15 (Beiträge zur Paläont. Oesterreich-Ungarns, v. 4). |

Rien, dans les auteurs que j'ai consultés, ne répond d'une manière satisfaisante à la forme de l'une de mes coquilles. Elle tient, en même temps, de *Harpoceras Krakoviense* et de l'*Hecticoceras* figuré par M. Bukowski, sous le nom de *Hect.* f. ind. aff. *Krakoviense*.

Elle a l'ombilic aussi ouvert que l'individu de Czatkowice, mais en diffère par des côtes plus flexueuses, plus épaisses, plus tuberculeuses ; elle se rapproche également du type de M. Bukowski par ces mêmes côtes, tout en les ayant plus serrées.

Couche 4, un seul exemplaire. Ma Collection.

N° 14. — **Hecticoceras metomphalum** Bonarelli.

Synonymie :

1871   *Harpoceras punctatum*   Neum. Die Cephal-Fauna der Ool.
                                 v. Balin, p. 28, tab. IX, fig. 8
                                 (Heraus. v. der K. K. geol.
                                 Reich. Abhand. Band V, Heft
                                 n° 2).
1893   *Hecticoceras* (Lunuloceras) *metomphalum* Bon. Hecticoceras no-
                                 vum genus Ammonidarum, p. 90
                                 (Boll. del. Soc. malac. italiana,
                                 vol. XVIII).
1893   *Lunuloceras metomphalum* Parona et Bon. Sur la Faune du
                                 Call. inf. de Savoie, p. 105, pl. IV,
                                 fig. 5 (Extr. des Mém. de l'Acad.
                                 de Savoie, 4e série, t. VI).

Cette espèce a été envisagée, par les uns, comme un *Harpoceras*;
par les autres, comme un véritable *Hecticoceras* ; par d'autres, enfin,
comme un *Lunuloceras*.

Il faudrait avoir, fait des études spéciales pour trancher la question !

Je me suis contenté de placer notre Ammonite dans le genre
Hecticoceras, par cette seule raison qu'elle paraît avoir de grandes
affinités avec les *Hecticoceras* du groupe du *punctatum* Stahl.

H. metomphalum est comprimé, caréné et largement ombiliqué ;
il a les tours recouverts sur la moitié environ de leur largeur, l'ouverture plus haute que large. Les côtes principales sont élevées
et épaisses, bifurquées ou trifurquées. Quelquefois même, on aperçoit
une côte simple entre deux côtes bifurquées. Les côtes secondaires
sont presques nulles et remplacées par des tubercules saillants
et allongés.

Couches 4 et 5, cinq exemplaires se complétant l'un par l'autre.
Ma Collection.

N° 15. — **Hecticoceras nodosum** Quenstedt.

Synonymie :

1849   *Ammonites hecticus nodosus* Qu. Cephalopoden, p. 118, tab. 8,
                                 fig. 4.
1887   —   —   —   Qu. Die Ammoniten des Schwa-
                                 bischen Jura, Band II, p. 107,
                                 tab. 82, fig. 39.

1893 *Hecticoceras* (Lunuloceras) *nodosum* Bon. Hecticoceras novum
genus Ammonidarum, p. 94
(Boll. del Soc. malac. italiana,
vol. XVIII).

J'ai suivi l'exemple de Quenstedt et séparé cette belle espèce de
H. punctatum Stahl ; elle en diffère par une taille plus grande, une
épaisseur plus considérable, des côtes plus fortes et plus espacées ;
les tubercules du pourtour de l'ombilic sont aussi plus proéminents.

Couche 4, un exemplaire bien dégagé, de 0^m055 millimètres de
diamètre. Ma Collection.

N° 16. — Hecticoceras punctatum Stahl.

Synonymie :

1824	*Ammonites punctatus*	Stahl. Ueberscht. über die Verstein. Würtemb., p. 48, fig. 8 (Würtemb. landwirth. Corresp., vol. VI).
1883	*Harpoceras punctatum*	Lah. Die Fauna der Juras. Bildungen des Rjasanschen Gouv , p. 73, tab. XI, fig. 7-8. (Mém. du Comité géologique de Russie, vol. I, n° 4).
1890	— —	Kilian. Sur q. q. Céphalopodes nouv. ou peu connus de la Période second., p. 6, pl. I, fig. 3-6 (Extr. des Ann. de l'Enseign. sup. de Grenoble, t. II, n° 2).
1898	*Hecticoceras punctatum*	P. de Loriol. Etude sur les Moll. et Brach. de l'Oxf. inf. du Jura bernois, p. 32, pl. III, fig. 7-9 (Mém. de la Soc. pal. suisse, vol. XXV).
1905	— —	A. Girardot. Paléontostatique jurassique, p. 69.

Cet *Hecticoceras* remplit de ses débris les calcaires de Baume ; il
est mêlé avec d'autres *Hecticoceras* dont il est difficile de préciser
l'espèce.

Il se distingue de *H. punctatum*, des marnes du callovien sup. et
de l'Oxfordien inf., par une taille plus robuste et des côtes moins en
relief.

Couches 3, 4 et 5, fréquent à tous les niveaux. Collections E. et H.
Caillet, Ch. Clerc, G. Garret, A. Girardot et la mienne.

N° 17. — **Hecticoceras pseudopunctatum** Lahusen.

Synonymie :

1846   *Ammonites lunula*   d'Orb. Pal. f^se, Terr. juras., t. I,
Céphalopodes, p. 439, pl. 157,
fig. 1-2.

1883 *Harpoceras pseudopunctatum* Lah. Die Fauna der Juras. Bildungen des Rjasanschen Gouv.,
p. 74, tab. XI, fig. 10, 12 et 13 ?
(Mém. du Comité géologique
de Russie, vol. I, n° 1).

1893 *Hecticoceras* (Lunuloceras) *pseudopunctatum*. Bon. Hecticoceras novum genus Ammonida-
rum, p. 96 (Boll. del. Soc. malac. italiana, vol. XVIII).

A l'inverse d'*H. punctatum*, cette autre Ammonite a une ouverture
plus ovale, des tours plus larges, des côtes moins accentuées et moins
épaisses, pas de nodosités à l'endroit où ces mêmes côtes (dans *H.
punctatum*) changent de direction, pour se rapprocher de l'ombilic.

Couche 4, un très bon exemplaire et plusieurs fragments. Ma Collection.

N° 18. — **Lophoceras (Oppelia) pustulatum** Reinecke.

Synonymie :

1818   *Nautilus pustulatus*   Rein. Maris protogœi Nautilos et
Argonautas, p. 84, fig. 63-64.

1842-49 *Ammonites pustulatus* d'Orb. Pal. f^se, Terr. juras., t. I,
Céphalopodes, p. 435, n° 186, pl.
154, fig. 1-4.

1873   *Amaltheus pustulatus*   Waag. Jurassic Fauna of Kutch.,
vol. I-1, p. 40, pl. IX, fig. 2
(Mém. of the geol. Survey of
India, série IX, Céphalopodes).

1887   *Ammonites pustulatus*   Qu. Die Ammoniten des schwabischen Jura, Band II (der braune
Jura), p. 751, tab. 86, fig. 2
surtout.

1895   *Lophoceras pustulatum*   Parona et Bon. Sur la Faune du
                                   Call. inf. de la Savoie, p. 90
                                   (Extr. des Mém. de l'Acad. de
                                   Savoie, 4e série, t. vi).

Espèce remarquable par sa forme renflée, ses côtes ondulées pourvues de deux rangées de tubercules saillants, sa région siphonale très amincie et festonnée. Ne saurait être confondue avec *L.* (Oppelia) *cristagalli* d'Orb., du même niveau; ce dernier n'a qu'une seule rangée de tubercules.

Couche 5, deux exemplaires non entièrement dégagés de leur gangue calcaire. Collections Ch. Clerc et G. Garret.

Nº 19. — Macrocephalites Herveyi Sowerby.

Synonymie :

1818   *Ammonites Herveyi*   Sow. Min. Conch., vol. ii, p. **215**,
                               tab. cxcv (fig. inf.).
1842-49   —   —   d'Orb. Pal. f^ais^, Terr. juras., t. i,
                    Céphalopodes, p. 428, nº 182, pl.
                    150.
1895   *Macrocephalites Herveyi*   Parona et Bon. Sur la Faune du
                                     Call. inf. de Savoie, p. 124 (Extr.
                                     des Mém. de l'Acad. de Savoie,
                                     4e série, t. vi).
1905   —   —   A. Girardot. Paléontostatique jurassique, p. 64.

Le Callovien de Baume-les-Dames renferme trois espèces de *Macrocephalites* :

Macrocephalites Herveyi Sow. sp.
         —   *macrocephalus* Schlot. sp.
         —   *tumidus* Rein. sp.

Je vais les passer rapidement en revue et indiquer les caractères qui peuvent servir à les faire reconnaître, sans l'aide d'ouvrages spéciaux.

M. Herveyi est renflé, a l'ombilic assez ouvert et profond, l'ouverture déprimée et plus large que haute, les côtes saillantes et se bifurquant très près de l'ombilic, les tours très recouverts.

Couches 4 et 5, plusieurs exemplaires dont un du diamètre de 0^m^ 080 millimètres. Collections E. Caillet et la mienne.

N° 20. — **Macrocephalites macrocephalus** Schlotheim.

Synonymie :

1820 *Ammonites macrocephalus* Schlot. Die Petref., p. 70, n° 16.
1842-49 — — d'Orb. Pal. f^(ise), Terr. juras.,
t. i. Céphalopodes, p. 430, pl. 154,
fig. 1-2.
1875 *Stephanoceras macrocephalum* Waag. Jurassic Fauna of
Kutch, vol. I - 4., p. 109, pl.
XXVII, fig. 1 (Mém. of the geol.
Survey of India, série IX, Céphalopodes).
1887 *Macrocephalites macrocephalum* Zittel. Traité de Pal., vol. II,
p. 467, fig. 672.
1905 — — Popovici-Hatz. LesCéphalopodesdu
Juras. moyen du Mont Strunga,
p. 23. (Mém. de la Soc. géol. de
France. n° 35).

Cette deuxième espèce est comprimée, a l'ombilic plus resserré,
l'ouverture plus haute que large, les côtes plus nombreuses, moins
saillantes et se bifurquant vers le milieu des flancs ; les tours sont
presque entièrement recouverts.

Couche 3, deux exemplaires dont l'un (de taille moyenne) provient
des matériaux laissés par L. Jourdain. Ma Collection (2).

N° 21. — **Macrocephalites tumidus** Reinecke.

Synonymie :

1818 *Nautilus tumidus* Rein. Maris protogaei Nautilos
et Argonautas, p. 74, fig. 47.
1842-49 *Ammonites tumidus* d'Orb. Pal. f^(ise), Terr. juras., t. I,
Céphalopodes, p. 469, pl. 171.
1887 *Macrocephalites tumidum* Zittel. Traité de Pal., vol. II, p.
467.

---

(1) *M. macrocephalus*, rangé habituellement dans le callovien inf. (il le caractérise,
du reste), ne se rencontre que très accidentellement à Baume-les-Dames.

(2) Il est utile d'ajouter que M. A. Girardot a recueilli *M. macrocephalus* à
Baume-les-Dames, dans l'horizon même du *K. anceps*, c'est-à-dire dans l'une des
couches qui composent sa coupe du Callovien moyen (Le Système oolithique, p. 132).

1905 *Macrocephalites tumidum*   Popovici-Hatz. Les Céphalopodes du Juras. moyen du Mont Strunga, p. 23 (Mém. de la Soc. géol. de France, n° 35).

La troisième espèce de *Macrocephalites* est globuleuse, elle a l'ombilic plus petit que celui de la forme précédente, l'ouverture comprimée et très large, les côtes peu saillantes, le dos arrondi, la spire très embrassante.

Couches 4 et 5, plusieurs jeunes sujets et quelques fragments de coquilles adultes. Collections E. Caillet, G. Garret et la mienne.

N° 22. — Oekotraustes sp.

Une de mes Ammonites de la couche 5 semble appartenir à ce singulier genre créé par Waagen et appelé : *Oekotraustes*.

Elle a le dos étroit et faiblement caréné, les flancs aplatis, couverts de côtes courtes, épaisses, rares et rejetées en arrière, l'ombilic petit. Les autres caractères ne peuvent être appréciés.

N° 23. — Oppelia Petitclerci de Grossouvre.

Synonymie :

1891 *Ammonites Petitclerci* de Grossouvre. Sur le Callovien de l'O. de la France, p. 259, pl. IX, fig. 2-3 (Bull. de la Soc. géol. de France, 3ᵉ série, t. XIX).

1898   *Oppelia Petitclerci*   P. de Loriol. Etude sur les Moll. et Brach. de l'Oxf. inf. du Jura bernois, p. 112 (Mém. de la Soc. pal. suisse, vol. XXV).

1905   —   —   A. Girardot. Paléontostatique jurassique, p. 68.

Cet *Oppelia* vient d'être découvert dans les calcaires calloviens, qui, à Baume-les-Dames, sont recouverts par des marnes appartenant au Callovien supérieur et à l'Oxfordien inférieur.

Il a absolument la même forme et les mêmes ornements que les sujets récoltés, à des intervalles bien éloignés, dans la Haute-Saône.

Il y a quelque temps, M. H. Caillet a eu l'heureuse chance de cueillir deux beaux spécimens d'*O. Petitclerci*, dans les couches à *Peltoceras athleta* d'Authoison.

On est donc maintenant fixé sur le véritable niveau de cette Ammonite.

Elle commence à paraître dans le Callovien moyen (calcaires ferrugineux de Baume-les-Dames — Zone à *Reineckea anceps* —), se
montre un peu moins rare dans le Callovien supérieur (marnes jau-
nâtres d'Authoison — Zone à *Pelt. athleta* —) et s'éteint dans l'Oxfordien inférieur (marnes bleuâtres des Pâtés, près Esprels — Zone à
Creniceras Renggeri —).

Je ne vois pas la nécessité de revenir sur sa diagnose ; MM. A. de
Grossouvre et P. de Loriol ont dit, à ce sujet, tout ce qu'il était utile
de faire connaître.

Couche 5, un exemplaire, en assez bon état de conservation. Collection E. Caillet.

Nº 24. — **Oppelia subcostaria** Oppel.

Synonymie :

1858	*Ammonites flexuosus macrocephali*	Qu. Der Jura, p. 482, tab. 64, fig. 7-8.
1862	*Ammonites subcostarius*	Oppel. Ueber juras. Cephal., p. 149, nº 30, tab. 48, fig. 2 (Palæont. Mittheil., vol. I).
1873	*Oppelia subcostaria*	Waag. Jurassic Fauna of Kutch, vol. I. I., p. 48, pl. X, fig. 1-2 (Mem. of the geol. Survey of India, série IX, Céphalopodes).
1881	— —	Steinm. Zur Kennt. der Jura- und Kreidef. v. Caracoles (Bolivie), p. 265 (Neues Jahrb-für Min. Geol. und Pal. 1 Beil. Band).
1893	— —	Riche. Etude stratigr. sur le Juras. inf. du Jura mérid., p. 280 (Ann. de l'Univ. de Lyon, t. VI, 3e fasc.).

L'état défectueux, dans lequel se trouve la forme que je rattache à
O. subcostaria, m'empêche d'en parler longuement.

Etant donné que notre Ammonite est comprimée, a la région
siphonale arrondie, l'ombilic très réduit, les tours très recouverts, on
ne peut apercevoir distinctement les rares ornements qui se trouvent
sur les flancs. Ils consistent en côtes épaisses, un peu flexueuses,
courtes et clairsemées ; celles-ci ont l'air de se relier à des côtes
secondaires plus fines, qui prendraient naissance sur le pourtour de
l'ombilic.

Couche 5, un seul échantillon. Ma Collection.

N° 25. — **Oppelia villersensis** d'Orbigny.

Synonymie :

1850 *Ammonites villersensis* d'Orb. Prodr. de Pal., vol. I, Callovien, p. 331, n° 52.

1901 *Oppelia villersensis* J. Raspail. Contr. à l'étude de la falaise juras. de Villers-sur-Mer, p. 170, pl. X, fig. 4 (Feuille des jeunes Naturalistes, IVᵉ série, n° 367).

Dans les séries de fossiles calloviens amassées par L. Jourdain, j'ai eu la satisfaction de trouver trois assez gros fragments d'Ammonites, à quille coupante, qui doivent appartenir à *O. villersensis*.

Pour rendre ma détermination plus certaine, j'ai comparé ces fragments avec un bon échantillon d'*O. villersensis* dû à la libéralité de M. Julien Raspail : je n'ai remarqué aucune différence sensible entre le sujet provenant de la falaise de Villers-sur-Mer et ceux de L. Jourdain.

On ne peut confondre, du reste, *O. villersensis* avec certains *Oppelia* du Callovien, tels que : *O. calloviensis* Parona et Bon. (1), *O. exotica* Steinm. (2).

Le premier a l'ombilic plus large, il est tout à fait lisse ; le second a l'aspect plus triangulaire, l'ombilic plus ouvert et les côtes principales plus espacées l'une de l'autre.

O. villersensis est aussi bien différent d'*O. Henrici* d'Orb., de l'Oxfordien (3) ; d'*O. aspidoïdes* Oppel, ainsi que d'*O. discus* Sow., du Bathonien (4).

D'abord, *O. Henrici* a une triple carène, puis *O. aspidoïdes* est plus ventru et possède un plus grand nombre de côtes sur le bord externe : il arrive aussi à une taille plus considérable ; enfin *O. discus* a toute la surface ornée de côtes flexueuses. Elle se montrent très serrées dans les premiers tours et deviennent plus rares, plus espacées, en se rapprochant de l'ouverture.

---

(1). Parona et Bon. Sur la Faune du Call. inf. de Savoie, p. 97, pl. III, fig. 1 (Extr. des Mém. de l'Acad. de Savoie, IVᵉ série, t. VI). 1895.

(2). G. Steinmann. Zur Kenntnis der Jura und Kreidef. von Caracoles, Bolivie (Neues Jahrbuch für Min., Geol , etc , 1 Beilage Band). 1881.

(3). D'Orbigny. Pal. fr³, Terr. juras., vol. I. Céphalopodes, p. 522, n° 225, pl. 198, fig. 1-2. 1842-49.

(4). A. de Grossouvre. Etudes sur l'Etage Bath., p. 369, pl. III, fig. 1; et p. 378, pl. IV, fig. 4-6 .Bull. de la Soc. géol. de France, IIIᵉ série, t. XVI). 1888.

N⁰ 26. — Perisphinctes curvicosta Oppel.

Synonymie :

1849 *Ammonites convolutus parabolis* Qu. Cephalopoden, p. 169, tab. 13, fig. 2.

1856-58 *Ammonites curvicosta* Oppel. Die Juraf., Callovien, p. 555, n⁰ 30.

1875 *Perisphinctes curvicosta* Waag. Jurassic Fauna of Kutch, vol. I-4., p. 569, pl. xxxix, fig. 4-6 (Mem. of the geol. Survey of India, série ix, Céphalopodes).

1899 — — Siemir. Monogr. Beschreib. der Ammoniten. Perisphinctes, p. 96, n⁰ 20 (Beitr. zur Naturges. der Vorzeit, Band xlv).

J'ai retranché de la synonymie *P. curvicosta* de Neumayr (Cephal. de Balin, pl. xii, fig. 2-3), car les types de cet auteur diffèrent sensiblement de ceux de Baume-les-Dames, surtout le type 3 dont les côtes s'infléchissent trop en avant.

P. curvicosta, tel que je le comprends, se reconnait à ses côtes renversées en arrière et aux nombreux nœuds paraboliques, qui ornent le pourtour. J'ajouterai que la coquille est largement ombiliquée, l'ouverture plus haute que large et la spire peu embrassante.

Couches 3, 4, 5, exemplaires assez nombreux et d'une bonne conservation. Collections E. et H. Caillet, Ch. Clerc, G. Garret et la mienne.

N⁰ 27.— Perisphinctes furcula ? Neumayr.

Synonymie :

1871 *Perisphinctes furcula* Neum. Die Ceph. Fauna der Ool. v. Balin, p. 41, tab. xv, fig. 1 (Heraus. V. der K. K. geol. Reich. Abhand. Band v. Heft, n⁰ 2).

1899 — — Siemir. Monogr. Beschreib. der Ammoniten. Perisphinctes, p. 299, n⁰ 299 (Beitr. zur Naturges. der Vorzeit, Band xlv).

Je n'établis ici qu'un simple rapprochement entre *P. furcula*, type de Balin, et le sujet dont j'ai entrepris le classement. De nouveaux matériaux feront voir ultérieurement, je l'espère, si réellement nous possédons ce Périsphincte.

Couche 5, un bel exemplaire de 0 ᵐ 04 de diamètre. Ma Collection.

N° 28.— Perisphinctes Orion Oppel.

Synonymie :

1849 *Ammonites convolutus gigas* Qu. Cephalopoden, p. 171, tab. 13, fig. 8.

1871   *Perisphinctes Orion*   Neum. Die Ceph. Fauna der Ool. v. Balin, p. 43, tab. x, fig. 2-3 (Heraus. v. der K. K. geol. Reich. Abhand. Band v, Heft n° 2).

1890   —   —   Siemir. Monogr. Beschreib. der Ammoniten. Perisphinctes, p. 300, n° 301 (Beitr. zur Naturges. der Vorzeit, Band XLV).

1905   —   —   A. Girardot. Paléontostatique jurassique, p. 67.

Les calcaires calloviens de l'ancienne voie déclassée de Cendrey fourmillent de Périsphinctes, le plus difficile est d'arriver à leur détermination.

L'ouvrage de Neumayr, cité plus haut, m'a permis de reconnaitre sûrement le *P. Orion*. C'est une coquille non carénée, un peu renflée (comparativement aux autres espèces), à large ombilic et aux tours recouverts par moitié ; son ouverture est presque circulaire, elle est ornée de côtes saillantes, droites, inégalement espacées, qui surgissent du pourtour de l'ombilic et se divisent ensuite au milieu des flancs. Les côtes provenant de cette division sont plus fines, toujours droites, et forment un faisceau qui passe sur la région siphonale et rejoint le faisceau du côté opposé.

Couches 4 et 5, assez commun. Collections G. Garret, A. Girardot et la mienne.

N° 29.— Perisphinctes subbackeriæ d'Orbigny.

Synonymie :

1842-49   *Ammonites Backeriæ*   d'Orb. Pal. f^{ise}, Terr. juras., t. 1, Céphalopodes, pl. 148, fig. 1-2.

1849   *Ammonites triplicatus*   Qu. Cephalopoden, tab. 13, fig. 7.

? 1856-58 *Ammonites funatus* Oppel. Die Juraf., Callovien, p. 550, n° 12.

1888 *Ammonites subbackeriæ* de Grossouvre. Etudes sur l'Etage Bathonien, p. 397 (Bull. Soc. géol. de France, 3ᵉ série, t. XVI).

1899 *Perisphinctes sub-Backeriæ* Siemir. Monogr. Beschreib. der Ammoniten. Perisphinctes, p. 236, n° 221 (Beitr. zur Naturges. der Vorzeit. Band XLV).

1905 *Perisphinctes subbackeriæ* A. Girardot, Paléontostatique jurassique, p. 70.

Avant d'essayer l'étude des fossiles de Baume-les-Dames, j'avais eu l'occasion de parcourir une partie des Ardennes avec Georges Lemesle et de recueillir le *P. subbackeriæ*, dans les anciens patouillets de Montigny-sur-Vence et Poix-Terron où les ammonites calloviennes ne manquaient pas, en 1883.

A cette époque, le Périsphincte en question portait le nom de *P. funatus* Oppel : aujourd'hui, ce nom ayant été abandonné, il s'appelle : *P. subbackeriæ*. On le trouvera fort bien représenté dans la Paléontologie fᵃⁱˢᵉ, pl. 148, fig. 1 et 2 seulement.

Il est bon d'ajouter, toutefois, que M. Siemiradzki, avec lequel j'ai eu le plaisir d'échanger quelques lettres, a repris ce nom de *funatus*, dans son magistral ouvrage sur les Périsphinctes (p. 318, n° 325), pour l'adapter à l'espèce de Neumayr (Cephalopoden V. Balin, p. 40, tab. XIV, fig. 1).

Couches 4 et 5, cinq exemplaires, coupés de quelques étranglements, comme dans la fig. 7 a de Quenstedt (Cephalopoden, tab. 13). Collections A. Girardot et la mienne.

Indépendamment de ces cinq échantillons à l'état jeune, M. Lucien Meyer, mon confrère de Belfort, m'a très complaisamment fait parvenir (pour l'examiner) un bel exemplaire adulte du même Périsphincte, sur l'ouverture duquel on distingue une valve de *Pecten vitreus* Roem., espèce fréquente à Baume-les-Dames. Sa couleur jaune clair laisse supposer qu'il a été recueilli dans la couche 5.

Ses dimensions sont assez considérables :

Hauteur totale............	170	millimètres.
Diamètre	150	—
Largeur de l'ombilic.......	67	—
Epaisseur de la coquille....	43	—
Largeur du dernier tour...	50	—

N⁰ 30.— **Perisphinctes sulciferus**. Oppel.

Synonymie :

1856-58	*Ammonites sulciferus*	Oppel. Die Juraf., Callovien, p. 555, nᵒ 29.
1862	— —	Oppel. Ueber Juras. Cephal., p.155, tab. 49, fig. 4 (Palæont. Mittheil., vol. III).
1875	*Perisphinctes subtilis*	Waag, Jurassic Fauna of Kutch, vol. 1-4, p. 170, pl. XLIII, fig. 4 (Mem. of the geol. Survey of India, série IX, Céphalopodes).
1899	*Perisphinctes sulciferus*	Siemir. Monogr. Beschreib. der Ammoniten. Perisphinctes, p. 130, nᵒ 55 (Beitr. zur Naturges. der Vorzeit, Band XLV).

Petite espèce, sans carène et très comprimée, dont le diamètre ne dépasse guère 0.035 millimètres ; a les tours fortement recouverts et coupés (en plusieurs endroits) par des étranglements, l'ouverture plus haute que large et des côtes qui se bifurquent très près du bord externe.

Couches 4 et 5, deux exemplaires. Collections A. Girardot et la mienne.

N⁰ 31. — **Perisphinctes virgulatus** Quenstedt.

Synonymie :

1858	*Ammonites virgulatus*	Qu. Der Jura, p. 593, tab. 74, fig. 4.
1887	— —	Qu. Die Ammoniten des schwabischen Jura, Band III, p. 923, tab. 100, fig. 5.
1899	*Perisphinctes virgulatus*	Siemir. Monogr. Beschreib. der Ammoniten. Perisphinctes, p. 220, nᵒ 199 (Beitr. zur Naturges. der Vorzeit, Band XLV).
1903	*Perisphinctes virgulatus*	P. de Loriol. Etude sur les Moll. et Brach. de l'Oxf. sup. et moyen du Jura lédonien, 2ᵉ partie, p.80, pl. XV, fig. 2. (Mém. de la Soc. pal. suisse, vol. XXX).

Cette Ammonite a une vague ressemblance avec *P. Lothari* Oppel, du Séquanien : c'est une coquille aplatie, largement ombiliquée, aux côtes fines et serrées, qui sont, ou simples, ou bifurquées, ou trifurquées.

Je lui attribue deux excellents exemplaires qui portent quelques rares étranglements et sont le fruit des recherches laborieuses de L. Jourdain. Ma Collection.

N° 32. — Reineckea anceps Reinecke (1).

Synonymie :

1818	*Nautilus anceps*	Rein. Maris protogœi Nautilos et Argonautas, p. 82, n° 29, fig. 61.
1842-49	*Ammonites anceps*	d'Orb. Pal. fçais, Terr. juras., t. 1, Céphalopodes, p. 462, pl. 167.
1856-58	— —	Oppel. Die juraf., Callovien, p. 556, n° 32.
1878	*Reineckeia anceps*	Bayle. Explic. de la Carte géol. de la France, Atlas, pl. LVI, fig. 1.
1881	*Reineckia anceps*	Steinm. Zur Kennt. der Jura-und Kreidef., V. Caracoles (Bolivie), p. 284 (Neues Jahrb. für Min., Geol. und Pal. 1 Beil. - Band).

Les *Reineckea* ont la région siphonale pourvue d'une partie lisse, en quelque sorte canaliculée : cette disposition peut servir à les différencier de toutes les formes calloviennes.

Très anciennement connu, *R. anceps* à la spire ornée de gros tubercules saillants et pointus, tellement caractéristiques, que je laisserai de côté tout autre détail d'organisation.

Couches 3, 4 et 5, commun, sans être aussi bien conservé qu'à Mathay (Doubs) où l'espèce atteint une taille beaucoup plus grande. Collections E. Caillet, Ch. Clerc, A. Girardot et la mienne.

N° 33. — Reineckea Douvillei Steinmann.

Synonymie :

1881	*Reineckeia Douvillei*	Steinm. zur Kennt. der Jura-und Kreidef. v. Caracoles (Bolivie),

---

(1) C'est intentionnellement que j'ai écrit *Reineckea*, et non pas *Reineckeia* ; j'ai imité, en cela, mon honoré confrère de Dijon, M. L. Collot.

Voulant citer une Ammonite fort intéressante (du Callovien supérieur), sur le compte de laquelle on a déjà longuement discouru, M. Collot inscrit, en tête de sa Note : *Reineckea angustilobata* L. Brasil (Feuille des jeunes Naturalistes, ive série, n° 422, p. 25.)

p. 289, tab. XII, fig. 2, 3, 4 et 8
(Neus Jahrb., für Min. Geol. und
Pal. 1 Beil. — Band.

A l'état adulte, c'est-à-dire au diamètre de 0.055 millimètres environ, les tubercules font entièrement défaut sur le dernier tour ; ces
ornements sont, du reste, très réduits et peu proéminents chez les
jeunes sujets. Sur la spire, courent des côtes simples ou bifurquées,
mais jamais réunies en faisceaux comme dans *R. anceps*.

Couches 4 et 5, trois exemplaires dont deux sont incomplets. Ma
Collection.

N° 34. — **Reineckea Greppini** Oppel (1).

Synonymie :

1842-40	*Ammonites anceps*	d'Orb. Pal. f^aise, Terr., juras., t. 1, Céphalopodes, pl. 166, fig. 2.
1862	*Ammonites Greppini*	Oppel. Ueber Juras.-Cephal., p. 154, n° 37 (Palæont. Mittheil., vol. III).
1878	— —	Choffat. Esquisse du Call. et de l'Oxf. dans le Jura occidental, p. 104. (Extr. des Mém. de la Soc. d'Emul. du Doubs).
1905	*Reineckia Greppini*	A. Girardot. Paléontostatique jurassique, p. 64.
1881	*Reineckia Greppini*	Steinm. Zur Kennt. der Jura-und Kreidef. v. Caracoles (Bolivie), p. 288 (Neus Jahrb. für Min. Geol. und Pal., 1 Beil.-Band).
1905	— —	A. Girardot. Paléontostatique jurassique, p. 64.

R. Greppini, plus connu que l'espèce précédente, mais plus déroulé
encore, manque de tubercules. Ses côtes sont assez largement espacées ; elles sont rarement simples et tendent à se bifurquer vers le
milieu des tours.

Couches 4 et 5, trois individus plus ou moins bien dégagés ; se
présente dans de meilleures conditions à Mathay (Doubs), par exemple. Ma collection.

(1) M. Steinmann a créé, en 1881, une espèce spéciale : *Reineckia Stuebeli*, pour
une Ammonite qui paraît être le jeune de *R. Greppini* Oppel ; je dois avouer que
je ne suis pas arrivé à débrouiller ces deux formes avec toute la certitude voulue.

N° 35.— Reineckea Fraasi Oppel.

Synonymie :

1856-58	*Ammonites Fraasi*	Oppel. Die Juraf., Callovien. p. 556, n° 33.
1858	*Ammonites Parkinsoni coronatus*	var. Qu. Der Jura, p. 474, tab. 63, fig. 18-19.
1881	*Reineckia Fraasi*	Steinm. Zur Kennt. der Jura-und Kreidef. v. Caracoles (Bolivie). p. 291 (Neus Jahrb., für Min. Geol. und Pal. 1 Beil.-Band).
1882	*Ammonites Fraasi*	Oppel. Ueber Juras. Cephal., p. 154, tab. 48, fig. 4-6 (Palœont. Mittheil., vol. III).
1905	— —	A. Girardot. Paléontostatique juras sique, p. 63.

Cette jolie Ammonite, dont l'habitat est plutôt le Callovien supérieur, diffère de *R. anceps* (avec lequel on serait disposé à la confondre) :

1° Par une taille plus exiguë ;

2° Par l'ouverture qui est plus haute et moins arrondie ;

3° Par la région siphonale plus amincie ;

4° Par les tubercules moins gros, moins proéminents, disposés sur deux rangées ;

5° Par des côtes plus droites, non disposées en faisceaux.

M. A. Girardot a rencontré *R. Fraasi*, dans sa couche 6 (son niveau exact) ; je l'ai trouvé dans la couche calcaire n° 5 où les fossiles sont souvent phosphatés.

A Authoison (Haute-Saône), la même Ammonite n'est pas rare dans les marnes du Callovien supérieur : elle accompagne les *Cosmoceras ornatum* Sow., et *Pronia* Teisseyre.

GASTROPODES

N° 36.— Alaria Gagnebini (Thurmann) Piette.

Synonymie :

	Rostellaria grandis-valtis	Thurm. Collections diverses.
1848	— —	Marcou. Recherches sur le Jura salinois, p. 92 (Mém. de la Soc. géol. de France, 2° série. t. III).

1851	*Rostellaria Gagnebini*	Thurm. Abr. Gagnebin, p. 131, pl. II, fig. 3.
1891	*Alaria Gagnebini*	Piette. Pal. f^se, Terr. juras., t. III. Gastéropodes, p. 160, pl. 31, fig. 4-10.
1899	— —	P. de Loriol. Etude sur les Moll. et Brach., de l'Oxf. inf. du Jura bernois, p. 121, pl. VIII, fig. 18-23 (Mém. de la Soc. pal. suisse, vol. XXVI).
1905	— —	A. Girardot. Paléontostatique juras., p. 79.

Petite espèce turriculée, lisse, sans ornements, toujours à l'état de moule ; plus commune dans l'Oxfordien inf. que dans le Callovien.

Couche 5, quelques mauvais exemplaires détachés avec grande peine de la roche. Ma collection.

N° 37. — **Pseudomelania** sp.

Je ne vois pas grande différence entre le *P. altararis* Cossm., du Bajocien inférieur des environs de Vesoul, et les coquilles du même genre que L. Jourdain et moi avons récoltées à Baume-les-Dames. Elles ont la même forme turriculée, la même spire à galbe conique, la même longueur, et, à peu de chose près, la même ouverture. Le test manque presque partout, ou bien il est recouvert d'une sorte de patine gris-jaunâtre, lorsqu'il n'a pas disparu entièrement. Peut être, arrivera-t'on à découvrir de meilleurs matériaux.

Couche 5, nombreux fragments, moules presque complets avec de rares portions de test. Toutes les Collections.

N° 38. — **Natica** cfr. **Crithea** d'Orbigny.

Synonymie :

1850	*Natica crithea*	d'Orb. Prodr. de Pal., vol. 1. Oxfordien, p. 353, n° 93.
1850-60	— —	d'Orb. Pal. f^se, Terr. juras., t. II, Gastéropodes, p. 200, n° 441, pl. 292, fig. 5-6.
1870	— —	Roem. (Ferd.), Géologie v. Oberschlesien, p. 237, tab. 21, fig. 8.

Coquille ovale, plus longue que large, à tours lisses, marqués seulement de très fines stries longitudinales. La bouche est encore obstruée par la gangue calcaire, on n'aperçoit pas le méplat canaliculé de la suture, caractère qui aurait permis de distinguer, avec plus de sécurité, notre espèce des autres Natices.

Couche 4, deux exemplaires (l'un a encore le test). Ma Collection.

N° 39.— **Nerita ovula ?** Buvignier.

Synonymie :

| 1843 | *Nerita ovula* | Buv. Mém. de la Soc. philom. de Verdun, t. 2, p. 17, pl. 5, fig. 20-21. |
| 1850 | — — | d'Orb. Prodr. de Pal., vol. 1, Oxfordien, p. 354, n° 99. |

Un des fossiles de la Collection formée par L. Jourdain était étiqueté : *Nerita ovula* Buv. ; je n'ai pu contrôler encore cette détermination.

Ce fossile, de petite taille, est spirale, ovoïde, presque lisse et à spire courte.

Couche 5, cinq exemplaires avec portions de test. Ma Collection.

N° 40.— **Pleurotomaria Babeaui** d'Orbigny.

Synonymie :

| 1850 60 | *Pleurotomaria babeauana* | d'Orb. Pal. f^{ise}, Terr. juras., t. II, Gastéropodes, p. 562, n° 773, pl. 421, fig. 1-3. |
| 1896 | — | — P. de Loriol. Etude sur les Moll. de l'Oxf. sup. et moyen du Jura bernois, 1re partie, p. 55, pl. x, fig. 4 (Mém. de la Soc. pal. suisse, vol. XXIII). |

Grande coquille conique, avec tours disposés en gradins, ombiliquée ; se rencontre aussi bien dans l'Oxfordien que dans le Callovien.

A Baume-les-Dames, principalement dans la couche 5, on ne voit que des moules ; à Talant (Côte d'Or), au contraire, l'espèce a conservé tout ou partie du test.

N° 41.— **Pleurotomaria Cypræa** d'Orbigny.

Synonymie :

| 1850 | *Pleurotomaria Cypræa* | d'Orb. Prodr. de Pal., vol. 1, Callovien, p. 333, n° 83. |

1850-60 *Pleurotomaria cyprœa*   d'Orb. Pal. f^ise^, Terr. juras., t. II,
    Gastéropodes, p. 538, n° 754, pl.
    416, fig. 1-7.

1852 *Pleurotomaria lambertina*   Buv. Statist. géol., min. et pal. du
    dépt de la Meuse, p. 39, n° 335, pl.
    XV, fig. 8-9.

1905   —   A. Girardot. Paléontostatique juras
    sique, p. 98.

Coquille conique, aussi longue que large, avec tours en gradins
peu saillants ; les ornements consistent en côtes longitudinales, très
petites, qui sont croisées par des rides obliques.

Caractéristique de l'Etage Callovien, ce Pleurotomaire est plus com
mun que les précédents : il a été trouvé, non seulement à Baume les
Dames (couches 4 et 5), mais encore aux Chaprais (près de Besançon),
par M. Résal ; à Bauvillars (aux portes de Belfort), par Parisot, et
dans une foule d'autres localités qu'il serait oiseux de rappeler ici.

N° 42. — **Pleurotomaria Cytherea** d'Orbigny.

Synonymie :

1859 *Pleurotomaria Cytherea*   d'Orb. Prodr. de Pal., vol. I, Callo
    vien, p. 333, n° 85.

1859-60   —   —   d'Orb. Pal. f^ise^, Terr. jurass., t. II,
    Gastéropodes, p. 542, n° 757, pl.
    412, fig. 6-10.

1901   —   —   P. de Loriol. Etude sur les Moll.
    et Brach. de l'Oxf. sup. et moyen
    du Jura bernois, 1er suppt. p. 51,
    (Mém. de la Soc. pal. suisse, vol.
    XXVIII).

1905   —   —   A. Girardot. Paléontostatique juras
    sique, p. 98.

Espèce à tours arrondis, un peu moins longue que large, avec
ombilic peu ouvert et bouche ovale. Ne possédant que des moules, je
ne parlerai pas de l'ornementation de la coquille.

Aussi répandue que la précédente, mais paraissant confinée dans
la couche 5.

N° 43.— **Pleurotomaria Nesea** d'Orbigny.

Synonymie :

1850-60 *Pleurotomaria Nesea* d'Orb. Pal. f^{aise}, Terr. juras., t. II,
Gastéropodes, p. 548. n° 763. pl.
416. fig. 1 3.

1905 — — A. Girardot. Paléontostatique juras
sique. p. 98.

Ce Pleurotomaire est conique, plus long que large ; il a la bouche
arrondie et les tours pourvus d'angles saillants : ceux-ci sont striés
dans les deux sens.

Couche 5, quelques moules dont il manque les premiers tours.
Collections E. Caillet et la mienne.

N° 44. — **Pleurotomaria Niobe** d'Orbigny.

Synonymie :

1850-60 *Pleurotomaria Niobe* d'Orb. Pal. f^{aise}, Terr. juras., t. II,
Gastéropodes, p. 546, pl. 415,
fig. 1 5.

1867 — — Laube. Die Gastropoden des braunen Jura v. Balin, p. 20.

Coquille très allongée et conique, bien reconnaissable à ses nombreux tours disposés en gradins et garnis d'une sorte de cordon
arrondi.

Couche 4, deux moules avec de très petites portions de test ; s'ac-
cordent parfaitement avec les beaux sujets de Velars-sur-Ouche
(Côte-d'Or) que m'a gracieusement offerts M. E. Marion, de Dijon.
Ma Collection.

N° 45. — **Pleurotomaria Niphe** d'Orbigny.

Synonymie :

1850-60 *Pleurotomaria Niphe* d'Orb. Pal. f^{aise}. Terr. juras., t. II,
Gastéropodes, p. 547, pl, 415,
fig. 6-7.

1905 — — A. Girardot. Paléontostatique jurassique, p. 99.

Je n'ai, en ma possession, que trois tours de cette espèce dont le
test, d'après d'Orbigny, était inconnu en 1855 : je suis à peu près

certain qu'ils s'appliquent au *P. Niphe* et non au *P. Cydippe* d'Orb.
avec lequel on pourrait les confondre.

Ce dernier porte, autour de l'ombilic, un canal ou pli caractéristique.
qui manque absolument dans *P. Niphe*.

Je crois pouvoir rapporter à la même forme un sujet plus complet,
qui m'a été communiquée récemment par mon parent M. Ch. Clerc.

PÉLÉCYPODES

N° 46. — **Alectryonia flabelloïdes** Lamarck.

Synonymie :

1742		Bourguet. Traité des Pétrifications. p. 62, pl. XVI, fig. 94.
1810	*Ostrea flabelloïdes*	Lamk. Animaux sans vertèbres, t. VI, p. 215.
1814	*Ostrea marshii*	Sow. Min. Conch., vol. I, p. 103, tab. XLVIII.
1850	*Ostrea Marshii*	d'Orb. Prodr. de Pal., vol. I, Callovien, p. 342, n° 224.
1852	— —	Morris et Lyc. Monogr. of the Moll. from the Great Ool., part. II (Bivalves), p. 126, tab. XIV, fig. 2 (The palæont. Soc., vol. XVII).
1890	*Ostrea* (Alectryonia) *flabelloïdes*	Steinm. und Doderlein. Elemente der Palæontologie, p. 291, fig. 299.
1900	*Alectryonia flabelloïdes*	Ed. Greppin. Descr. des foss. du Baj. sup. des env. de Bâle, 3e part. fin, p. 144 (Mém. de la Soc. pal. suisse, vol. XXVII).

Le niveau de cette Huitre, caractérisée par ses gros plis et sa
forte carène, est, de l'avis de tous les auteurs, le *Bajocien*, où parfois elle pullule ; elle est moins répandue dans le Bathonien et ne
monte pas bien haut dans le Callovien.

M. L. A. Girardot dit l'avoir recueillie au Vaudioux et à Courbouzon (Jura), dans le Callovien inf., Wohlgemuth l'a aussi récoltée à
Poix (Ardennes), dans le minerai à *Proplanulites Koenigi* ; j'en ai
moi-même trouvé quelques exmplaires à Baumes-les-Dames, dans la
couche 5. Ils sont certainement mauvais, mais ils suffisent pour ren-

seigner le géologue sur la fréquence de l'espèce dans les terrains jurassiques.

Enfin, dans un envoi important de fossiles russes que m'a fait autrefois M. S. Nikitin, j'ai pu constater la présence d'un exemplaire d'*A. Marshi*, bien typique, provenant du Callovien d'Elatma.

N° 47. — **Ostrea (Alectryonia) hastellata** (Schlotheim) Quenstedt.

Synonymie :

1820	*Ostracites cristagalli hastellatus*	Schlot. (Pars). Petref. p. 243.
1858	*Ostrea hastellata*	Qu. Der Jura, p. 750, tab. 91, fig. 27.
1882	— —	Roeder. Beitr. zur Kennt. des Terrain à Chailles und seiner Zweisch. in der Umgegend v. pfirt im Ober-Elsass, p. 29, pl. ı, fig. ı.
1892	— ...	P. de Loriol. Etudes sur les Moll. des c. coralligènes inf. du Jura bernois, ıvᵉ partie, p. 346, pl. 36, fig. 8 (Mém. de la Soc. pal. suisse, vol. xıx),
1894	*Ostrea (Alectryonia) hastellata*	P. de Loriol. Etude sur les Moll. du Rauracien inf. du Jura bernois, p. 72, pl. ıx, fig. 1 3 (Mém. de la Soc. pal. suisse, vol. xxı).

Cette petite Huître est allongée, étroite, un peu arquée ; la valve gauche est adhérente, mais sur une surface assez faible. Toute la coquille est couverte de côtes nombreuses, saillantes, un peu coupantes, etc. On ne peut la confondre avec *O. gregaria* Sow., qui est plus épais, moins allongé, avec des côtes plus élevées dont le bord est plutôt arrondi que tranchant.

Couche 5, deux exemplaires accolés sur une plaquette calcaire. Ma Collection.

Indépendamment de ces deux formes, on voit souvent, à la surface de certains blocs, des empreintes d'une grande Huître plate qui m'a semblé indéterminable.

N° 48. — **Anomia jurensis** Roemer.

Synonymie :

1836	*Placuna jurensis*	Roem. Die Verstein. des Norddeuts. Ool.-Gebirges, p. 66, tab. 16, fig. 4.

| 1853 | *Placunopsis jurensis* | Morris et Lyc. Monogr. of the Moll. from the Great Ool., partie II (Bivalves), p. 6, tab. I, fig. 8 (The paléont. Soc., vol. XVIII). |
| 1904 | *Anomia jurensis* | P. de Loriol. Etude sur les Moll. et Brach. de l'Oxf. sup. et moyen du Jura lédonien, p. 257 (Mém. de la Soc. pal. suisse, vol. XXXI). |

Je rapporte à cette espèce plusieurs petites coquilles (valves sup. et inf.) rassemblées par MM. E. et H. Caillet. Le test est un peu frotté, ce qui empêche d'étudier convenablement leur ornementation réduite à des stries rayonnantes.

A. jurensis a été signalé par Parisot (Descr. géol. du Terr. de Belfort, p. 104), dans le Callovien de Bavilliers, sous son vrai nom d'*Anomya jurensis*.

N° 49. — **Lima** cfr. **Streitbergensis** d'Orbigny.

Synonymie :

1834-40	*Lima ovalis*	Goldf. Petref. Germ., t. II, p. 82, n° 11, tab. CI, fig. 4.
1850	*Lima streitbergensis*	d'Orb. Prodr. de Pal., vol. I, Oxfordien, p. 371, n° 391.
1881	—	—	P. de Loriol, Monogr. des c. à *Amm. tenuilobatus* d'Oberbuchsitten, 2° et dernière partie, p. 82, pl. XI, fig. 13 (Mém. de la Soc. pal. suisse, vol. VIII).
1904	—	—	P. de Loriol. Etude sur les Moll. et Brach. de l'Oxf. sup. et moyen du Jura lédonien, 3° et dernière partie, p. 236, pl. XXIV, fig. 11-12 (loc. cit., vol. XXXI).
1905	—	—	A. Girardot. Paléontostatique jurassique, p. 153.

Petite espèce allongée dont l'ornementation rappelle exactement celle (grossie) du type de Goldfuss. Elle consiste en côtes fines, arrondies et droites, qui rayonnent sur toute la surface ; avec la loupe, on peut apercevoir entre lesdites côtes quantité de stries d'une grande ténuité.

Couche 5, deux exemplaires munis du test. Collection E. Caillt.

N° 50. — **Limea duplicata** (Münster) Goldfuss.

Synonymie :

1831-40	*Limea duplicata*	(Münster) Goldf. Petref. Germ., t. II, p. 103, tab. cvII, fig. 2.
1850	— —	d'Orb. Prodr. de Pal., vol. 1, Bajocien, p. 283, n° 399.
1900	— —	Ed. Greppin, Descr. des fossiles du Baj. sup. des env. de Bâle, 3e partie, p. 138, pl. xv, fig. 8 (Mém. de la Soc. pal. suisse, vol xxvII).

Plus petite et moins oblique que *Lima duplicata* Sow., cette coquille possède toutefois les mêmes ornements. Elle est fréquente dans le Bathonien, assez commune dans le Bajocien et se voit encore dans le Callovien.

J'en ai recueilli deux exemplaires dans la couche 5.

N° 51. — **Ctenostreon pectiniforme** Schlotheim.

Synonymie :

1820	*Ostracites pectiniformis*	Schlot. Die Petref., p. 231.
1862	*Lima pectiniformis*	Etal. Lethæa Bruntr. p. 236, pl. xxxII, fig. 1.
1883	*Ctenostreon proboscideum*	Boehm. Die Bivalven der Stramberg. Schichten, p. 621 (Palæont. Mittheil., vol. II).
1893	*Lima proboscidea*	Ed. Greppin. Etude sur les Moll. des c. coral d'Oberbuchsitten, p. 74, pl. vi, fig. 1 (Mém. de la Soc. pal. suisse, vol. xx).
1900	*Ctenostreon pectiniforme*	Ed. Greppin. Descr. des fossiles du Bajocien sup. des env. de Bâle, 3e partie, fin. p. 140 (Mém. de la Soc. pal. suisse, vol. xxvII).

C. pectiniforme, gratifié plus couramment du nom de *Lima proboscidea* Sow., est cette belle et grande coquille dont les grosses côtes arrondies portent de longs prolongements tubuliformes.

Comme je me suis étendu, peut-être outre mesure, sur cette espèce, dans un précédent travail (Suppl¹ à la Faune du Bajocien inf. dans le Nord de la Franche-Comté, p. 101), je répéterai seulement ceci : *C. pectiniforme* n'est caractéristique d'aucun Etage : il a traversé tous les terrains jurassiques (du Lias sup. au Portlandien), sans subir de sérieuses modifications.

Couche 5, un unique exemplaire dont les côtes sont usées par le frottement ; en tout cas, bien déterminable. Ma Collection.

N° 52. — **Hinnites velatus** (Goldfuss) d'Orbigny.

Synonymie :

1834-40	*Pecten velatus*	Goldf. Petref. Germ., t. II, p. 45, n° 15, tab. xc, fig. 15.
1850	*Spondylus velatus*	d'Orb. Prodr. de Pal., Terr. juras., Oxfordien, p. 374, n° 445.
1874	*Hinnites velatus*	Dum. Etudes pal. sur les dépôts jurassiques du bassin du Rhône, 4e partie, p. 308, pl. LXII, fig. 3-4.
1882	— —	Roeder. Beitr. zur Kennt. des Terrain à Chailles, p. 56, taf. 3, fig. 6 (charnière seulement).

Coquille ornée de côtes rayonnantes arrondies, peu élevées, au nombre de 18 à 20. Entre chacune d'elles, on remarque (sur les sujets bien conservés) plusieurs petites côtes secondaires, séparées en deux groupes par un ornement de même nature, mais plus fort.

H. velatus se rencontre à divers niveaux de la période jurassique : il est fort peu commun dans l'Infra-lias (Gammal, Gard), assez rare dans le Lias moyen (le Bleymard, Lozère), abonde dans le Lias sup. (la Verpillière, Isère ; Creveney, Haute-Saône). Il ne semble pas avoir prospéré dans le Bathonien, reparaît plus nombreux dans le Callovien et ne dépasse pas l'Oxfordien sup. (Ste Scolasse, Orne), sa dernière étape.

Couches 3 et 4, assez commun. Collections G. Garret et la mienne.

N° 53. — **Pecten clathratus** Roemer.

Synonymie :

1836	*Pecten clathratus*	Roem. Die Verstein. der Nordd. Ool. Gebirges, p. 212, tab. xiii, fig. 9.
1853	— —	Morris et Lyc. Monogr. of the Moll. from the Great Ool., partie II (Bivalves), p. 13, tab. 1, fig. 19 (The palæont. Soc., vol. xvii).
1903	— —	A. Girardot. Paléontostatique jurassique, p. 145.

Ce *Pecten*, rencontré dans le Bathonien par M. Albert Girardot (Leffond) et Parisot (Bavilliers), remonte dans le Callovien.

Il a la surface couverte de côtes fines rayonnantes que viennent croiser des stries concentriques; les oreillettes sont bien développées.

Couche 5, un exemplaire avec ses oreillettes. Ma Collection.

N° 54. — Pecten (Chlamys) subfibrosus d'Orbigny.

Synonymie :

1834-40	*Pecten fibrosus*	Goldf. Petref. Germ., t. II, p. 46 n° 19, tab. XC, fig. 6.
1850	*Pecten subfibrosus*	d'Orb. Prodr. de Pal., vol. I, Oxfordien, p. 373, n° 423.
1882	— —	Roeder. Beitr. zur Kennt. des Terrain à Chailles, p. 50, tab. I, fig. 12.
1894	— —	P. de Loriol. Etude sur les Moll. du Rauracien inf. du Jura bernois, 1re partie, p. 45 (Mém. de la Soc. pal. suisse, vol. XXXI).
1904	*Pecten* (Chlamys) *subfibrosus*	P. de Loriol. Etude sur les Moll. et Brach. de l'Oxf. sup. et moyen du Jura bernois, 3e partie, p. 227 (Mém. de la Soc. pal. suisse, vol. XXXI).

Les côtes rayonnantes de cette espèce sont pourvues de petites écailles relevées en forme de crêtes; ce simple caractère qui pourrait passer inaperçu servira à distinguer suffisamment le *P. subfibrosus* du *P. fibrosus*.

Couches 3, 4 et 5. Moules intérieurs assez communs, portions de test rares. Ma Collection.

N° 55. — Pecten subpunctatus Münster.

Synonymie :

1835	*Pecten subpunctatus* (Münster)	Goldf. Petref. Germ. t. II, p. 48, n° 26, tab. XC, fig. 13.
1850	— —	d'Orb. Prodr. de Pal., vol. I, Oxfordien, p. 374, n° 412.
1904	— —	P. de Loriol. Etude sur les Moll. et Brach. de l'Oxf. sup. et moyen du

Jura bernois, 3ᵉ et dernière partie, p. 217, pl. XXIII, fig. 4 (Mém.
de la Soc. pal. Suisse, vol. XXXI).

Très petite espèce, ornée de nombreuses côtes rayonnantes, droites,
arrondies ; ne peut être confondue avec *P. subspinosus* Schlot. Celui-ci
porte seulement 12 à 14 côtes sur lesquelles pointent des écailles
relevées, comme dans la coquille précédente.

Couche 5, peu commun, deux exemplaires avec le test. Ma
Collection.

Nᵒ. 56. — Pecten (Plesiopecten) subspinosus Schlotheim.

Synonymie :

1821	*Pecten subspinosus*	Schlot. Die Petref. p. 223.
1834-40	— —	Goldf. Petref. Germ., t. II, p. 46, nᵒ 17, tab. XC., fig. 4.
1883		Boehm. Die Bivalven der Stram-berg.-Schichten, p. 612, pl. LXVII, fig. 40-41 (Palæont. Mittheil. IV).
1894	— —	P. de Loriol. Etudes sur les Moll. du Rauracien inf. du Jura bernois, p. 42 (Mém. Soc. pal. suisse, vol. XXI).
1905	*Pecten (Plesiopecten) subspinosus*	V. Maire. Etudes géol. et pal. sur l'arrond' de Gray, p. 48 (Extr. de la Soc. grayloise d'Emul.)

Espèce de taille un peu moins exigüe que *P. subpunctatus* dont les
valves sont bombées et couvertes de côtes rayonnantes épaisses,
saillantes. Sur les sujets en ma possession, on distingue mal les faibles
épines qui garnissaient les côtes.

Couche 5, assez rare, plus commun dans le Callovien sup. d'Authoison (Haute-Saône).

Nᵒ 57. — Pecten textorius Schlotheim.

Synonymie :

1820	*Pectinites textorius*	Schlot. Die Petref., p. 229.
1836	*Pecten textorius*	Goldf. Petref. Germ., tab. LXXXIX, fig. 9.
1858		Qu. Der Jura, p. 78, tab. 9, fig. 12.

1867	*Pecten textorius*	Dum. Etudes paléont. sur les dépôts
		juras. du Bassin du Rhône, 2° par-
		tie, Lias inf., p. 71, pl. xiii, fig. 1.
1874	—	Dum. (Loc. cit.), 4° partie. Lias sup.'
		p. 198, pl. xliv, fig. 12.
1905	—	A. Girardot. Paléontostatique juras.,
		p. 149.

Ce Pecten est remarquable par le nombre de ses côtes rayonnantes et la finesse de ses ornements. Il est commun dans tous le Lias, se retrouve dans le Bajocien et monte jusque dans le Callovien. L. Jourdain en avait recueilli un bon exemplaire à l'Étang de la Moëche ; il m'a été d'un grand secours pour la détermination du seul sujet qui ait été rencontré dans la couche 5, par mon parent et ami Ch. Clerc.

N° 58.— Pecten (Chlamys) cfr. vagans Sowerby.

Synonymie :

1826	*Pecten vagans*	Sow. Min. Conch., vol. vi, p. 82,
		tab. DXLIII, fig. 3 5.
1853	—	Morris et Lyc. Monogr. of the Moll.
		from. the Great Ool., (Bivalves).
		part. ii, p. 8, tab. 1, fig. 12. (The
		palæont. Soc., vol. xvii).
1893	*Pecten* (Chlamys) cfr. *vagans*	Riche. Etude stratigr. sur le
		jurass. inf. du Jura mérid., p. 282
		(Annales de l'Université de Lyon,
		t. vi, 3° fasc.).
1895	*Pecten vagans*	Parona et Bon. Sur la faune du Cal-
		lovien inf. de Savoie. p. 64 (Extr.
		des Mém. de l'Acad. de Savoie, iv°
		série, t. vi).

Mon sujet se rapproche incontestablement du *P. vagans* type. de Sowerby ; seulement, les côtes relevées en crêtes (comme l'explique M. Riche, p. 282 de son étude sur le Jurassique inf. du Jura), n'existent qu'à la partie postérieure du *Pecten*.

Couche 5, assez bon exemplaire dont les oreillettes manquent. Ma Collection.

N° 59.— **Pecten vitreus** Roemer.

Synonymie :

1836	*Pecten vitreus*	Roemer. Die Verstein. des Nord-deuts. Ool.-Gebirges, p. 72, tab. XIII, fig. 7.
1882	*Pecten* (Entolium) *vitreus*	Roeder. Beitr. zur Kennt. des Terrain à Chailles, p. 56, taf. 2, fig. 2; taf. 4, fig. 14.
1897	—	P. de Loriol. Etude sur les Moll. et Brach. de l'Oxf. sup. et moyen du Jura bernois, 2e partie, p. 129, pl. XVI, fig. 5-6 (Mém. de la Soc. pal. suisse, vol. XXVIII).
1902	*Pecten vitreus*	Ilovaisky. L'Oxf. et le Séquanien des Gouv. de Moscou et Riazan, pl. VIII, fig. 13 (Bull. de la Soc. des Nat. de Moscou, nos 2-3).

Le *P. vitreus* Roemer ne présente pas de différence sensible avec le *P. demissus* Phill.. si répandu dans le Bajocien des environs de Vesoul.

Tous les deux ont la même forme aplatie, presque arrondie, les mêmes stries concentriques, les mêmes oreillettes courtes.

Peut-être faudra-t-il les réunir, quand on aura amassé assez d'éléments de comparaison ?

M. le Professeur Benecke, de l'Université de Strasbourg, auteur d'un magistral mémoire sur la Faune jurassique des minerais de Fer de la Lorraine et du Grand-Duché de Luxembourg, dit, du reste, à propos du P. (Entolium) *demissus*, que ces formes lisses de *Pectinidæ*, à oreilles presque égales, se suivent presque sans modification, de la base du Jura jusqu'à la Craie.

Couche 5, moules excessivement communs, échantillons complets (avec le test) difficiles à dégager. Toutes les Collections.

N° 60.— **Oxytoma inæquivalve** Sowerby.

Synonymie :

1819	*Avicula inæquivalvis*	Sow. Min. Conch., vol. III, p. 78, tab. CCXLIV, fig. 2.
1893	*Avicula* (Oxytoma) *inæquivalvis*	Riche. Etude stratigr. sur le Jurass. inf. du Jura mérid., p. 282 (Annales de l'Université de Lyon, t. VI, 3e fasc.).

1905   *Oxytoma inæquivalve*   Benecke. Die Verstein. der Eise-
                                 nerzf. v. Deutsch Lothringen und
                                 Luxembourg, p. 91, taf. IV, fig. II
                                 (Abhandl. zur geol. spezialkarte
                                 v. Elsass-Lothring. Neue Folge,
                                 Heft VI).

Coquille aviculiforme, aussi fragile que ténue : est assez mal repré-
sentée dans notre gisement. Elle était autrefois très abondante et
d'une parfaite conservation, dans les minières de Poix-Terron
(Ardennes).

Couche 5, deux grandes valves incomplètes. Ma collection.

N° 61. — **Pseudomonotis echinata** Smith.

Synonymie :

1816   *Avicula echinata*   Smith. Strata Identif., etc., p. 26,
                              Cornbrash Pl. fig. 8.
1850   —   —   d'Orb. Prodr. de Pal., vol. 1, Batho-
                              nien, p. 313, n° 311.
1853   —   —   Morris et Lyc. Monogr. of the Moll.
                              from. the Great Ool., part. II, p.
                              16, tab. II, fig. 7 (The palæont.
                              Soc., vol. XVII).
1899   *Pseudomonotis echinata*   Ed. Greppin. Descr. des fossiles du
                              Baj. sup. des env. de Bâle, II° par-
                              tie, p. 112 (Mém. de la Soc. pal.
                              suisse, vol. XXVI).

Cette avicule est abondante à Baume-les-Dames, elle forme parfois lumachelle. Malheureusement, le test fait presque toujours défaut,
en sorte qu'il est malaisé d'apercevoir les petites écailles relevées, qui
surgissent au point de rencontre des côtes longitudinales et des rides
concentriques.

P. echinata passe généralement pour être une espèce bathonienne,
cela n'est pas exact pour toutes les localités. Dans les Ardennes et la
Haute-Marne, pour ne citer que ces deux départements, on trouve
parfaitement avec *Macrocephalites macrocephalus* (Callovien inf.) et
d'autres fossiles de cette zone : *P. echinata*. Mais, là, ne s'arrête
pas l'extension de cette même espèce : elle remonte beaucoup plus
haut.

Couche 5, nombreux exemplaires. Toutes les Collections précitées.

N⁰ 62. — **Gervilleia siliqua** E. Deslonchamps.

Synonymie :

1823	*Gervillia siliqua*	E. Desl. Mém. sur les coquilles du genre Gervillie, p. 128, pl. iv. fig. 1 4.
1845	*Gervillia ariculoides*	Murchison, de Verneuil et de Keys. Géol. de la Russie d'Europe, vol. ii. 3º partie, p. 474. pl. xli, fig. 14 15.
1901	*Gervillia siliqua*	J. Raspail. Contr. à l'étude de la falaise juras. de Villers-sur-Mer. p. 193 (Feuille des jeunes naturalistes, ivᵉ série, nº 368).

En réunissant les fragments de plusieurs Gervillies de même nature, je suis arrivé à reconstituer un sujet, comme le comprenait E. Deslongchamps.

Couche 5, pas d'exemplaire entier.

N⁰ 63. — **Perna mytiloides** Lamarck.

Synonymie :

1816	*Perna mytiloides*	Lamk. Animaux sans vertèbres, vol. 6, p. 142.
1830	— —	Ziet. Die Verstein. Würtlembergs, p. 71, tab. liv, fig. 2
1850	— —	d'Orb. Prod. de Pal., vol. i, Callovien, p. 341, nº 211.
1904	— —	P. de Loriol. Etude sur les Moll. et Brach. de l'Oxf. inf. du Jura bernois, 3ᵉ et dernière partie, p. 214 (Mém. de la Soc. pal. suisse, vol. xxxi).

Je rapporte à cette espèce, décrite avec toute l'exactitude voulue par M. de Loriol, deux moules un peu moins grands que ceux de Zieten et de la Paléontologie suisse (vol. xxiv, pl. xvi, fig. 2-4, et vol. xxviii. pl. vii, fig. 1) ; ils proviennent de la couche 3. Ma Collection.

N° 64. — Pinna ampla Sowerby.

Synonymie :

1812	*Mitilus amplus*	Sow. Min. Conch. vol. I, p. 27, tab. VII.
1834	*Pinna ampla*	Goldf. Petref. Germ. t. II, tab. CXXVII, fig. 7.
1850	— —	d'Orb. Prod. de Pal., vol. I, Bajocien, p. 281, n° 371.
1882	— —	Roeder. Beitr. zur Kennt. des Terrain à Chailles, p. 107.
1905	— —	A Girardot, Paléontostatique jurassique, p. 135.

Commune dans le Bajocien, cette forme massive est rare dans le Callovien. Je n'en connais que deux exemplaires. encore sont-ils dépourvus de leur test. Ma Collection.

N° 65. — Pinna cuneata Phillips.

Synonymie :

1835	*Pinna cuneata*	Phil. Illustrations of the Geol. of. Yorkshire, part. 1, p. 122, pl. IX, fig. 17.
1850	— —	d'Orb. Prodr. de Pal, vol. 1, Bajocien, p. 282, n° 372.
1853	— —	Morris et Lyc. Monogr. of the Moll. from the Great Ool., partie II (Bivalves), p. 32, tab. VI, fig. II (The palæont. Soc. vol. XVII).
1867	— —	Laube. Die Bivalven des braunen Jura v. Balin, p. 27, taf. II, fig. 2.

Cette espèce est courte, allongée, peu épaisse ; la surface est ornée de légères côtes rayonnantes que croisent des stries concentriques.

Couches 3 et 4, moules intérieurs assez communs, test rare. Ma Collection.

N° 66. — Modiola gibbosa Sowerby.

Synonymie :

1818	*Modiola gibbosa*	Sow. Min. Conch. vol. III, p. 19. tab. CCXI, fig. 2.

1850	*Mytilus gibosus*	d'Orb. Prodr. de Pal., vol. i, Callo-vien, p. 340, n° 195.
1852	— —	Chapuis et Dew. Descr. des fossiles des Terrains sec. du Luxembourg, p. 189, pl. xxv, fig. 7.
1867	*Modiola gibbosa*	Laube. Die Bivalven des braunen Jura v. Balin, p. 21, taf. ii, fig. 4.
1905	— —	A. Girardot. Paléontostatique juras sique, p. 138.

Coquille oblongue, réniforme, assez renflée en son milieu : les valves sont marquées de deux dépressions longitudinales et portent des stries concentriques.

Couches 4 et 5, quatre exemplaires. Ma Collection.

N° 67. — **Modiola imbricata** Sowerby.

Synonymie :

1818	*Modiola imbricata*	Sow. Min. Conch., vol iii. p. 21, tab. ccxii, fig. 1 3.
1853	*Mytilus imbricatus*	Morris et Lyc. Monogr. of the Moll. from the Great Ool., part. ii, p.41, tab. iv, fig. 2 (The palæont. Soc., vol. xvii.)
1867	*Modiola imbricata*	Laube. Die Bivalven des braunen Jura v. Balin, p. 21, tab. ii, fig. 3.
1878	— —	Gottsche (Carl). Ueb. Juras. Vers-tein. aus der argentinischen Cor-dillere, p. 23.
1883	— —	P. de Loriol et Schardt. Etude paléont. et stratigr. sur les c. à *Mytilus* des Alpes vaudoises, p. 60, pl. ix, fig. 1-8 (Mém. de la Soc. pal. suisse, vol. x).
1901	— —	P. Petitclerc. Suppl à la Faune du Baj. inf. dans le Nord de la Fran-che Comté, p. 121, n° 77.

Coquille plus allongée que *M. Gibbosa* Sow., arquée, assez large et ordinairement peu épaisse. Les deux valves sont couvertes de stries d'accroissement concentriques, nombreuses, bien apparentes.

Couche 5, trois exemplaires. Ma Collection.

Nᵒ 68. **Modiola plicata** Sowerby.

Synonymie :

1819	*Modiola plicata*	Sow. Min. Conch., vol. III, p. 87, tab. CCXLVIII, fig. 1.
1850	*Mytilus Sowerbyanus*	d'Orb. Prodr. de Pal., vol. I, Bajocien, p. 282, nᵒ 378.
1899	*Modiola Sowerbyana*	Ed. Greppin. Descr. des fossiles du Bajocien sup. des env. de Bâle, 2ᵉ partie, p. 106, pl. IX, fig. 9 (Mém. de la Soc. pal. suisse, vol. XXVI).
1905	*Modiola plicata*	Benecke. Die Verstein. der Eisenerzf. v. Deutsch-Lothringen und Luxembourg, p. 168, taf. IX, fig. 6 (Abhandl. zur Geol. spezialkarte Elsass-Lothring. Neue Folge, Heft VI).

Espèce ayant la forme d'un *Solen*, très allongée, étroite et chargée de grosses côtes. Celles-ci, en approchant du bord palléal, se coudent assez brusquement et déterminent de nombreux plis qui envahissent toute la coquille.

Couches 3, 4, 5, échantillons abondants, malheureusement toujours fragmentés. Ma Collection.

Nᵒ 69. — **Trigonia elongata** Sowerby.

Synonymie :

1823	*Trigonia elongata*	Sow. Min. Conch., vol. V, p. 39, tab. CCCCXXXI, fig. 1-3.
1849	— —	d'Orb. Prodr. de Pal., vol. I, Callovien, p. 338, nᵒ 161.
1877	— —	Lycett. Monogr. of the Brit. foss. *Trigoniæ*, p. 154, pl. XXX, fig. 1-4 (The palæont. Soc. vol XXIV).
1893	— —	Bigot. Mém. sur les Trigonies, p. 33, pl. III, fig. 7 (Extr. des Mém. de la Soc. Linn. de Normandie, XVIIᵉ vol., 2ᵉ fasc.).
1897	— —	P. de Loriol. Etude sur les Moll. et Brach. de l'Oxf. sup. et moyen du Jura bernois, 2ᵉ partie, p. 97, pl. XIII, fig. 9 (Mém. de la Soc. pal. suisse, vol. XXIV).

— 52 —

| 1901 | *Trigonia elongata* | J. Raspail. Contr. à l'étude de la Falaise de Villers-sur-Mer, pl. xii. fig. 12 (Feuille des jeunes Naturalistes, iv° série, n° 369). |

Au moyen de moules intérieurs et de portions de test en bon état, j'ai cru reconnaître cette espèce dans mes matériaux. M. Bigot l'a si bien décrite dans son important Mémoire sur les Trigonies, page 33, que je ne vois pas la nécessité d'en reprendre la diagnose.

Le bord antérieur est tellement long et les crochets tellement recourbés en dedans que ces deux seuls caractères pourraient servir à différencier *T. elongata* des autres formes calloviennes.

Couche 5, pas de sujets entiers.

N° 70.— **Trigonia** aff. **gemmata**. Lycett.

Synonymie :

1853	*Trigonia gemmata*	Lyc. Ann. and Mag. nat. Hist., p. 425, pl. ix, fig. 8.
1872	— —	Lyc. Monogr. of the Brit. foss. *Trigoniæ*, p. 15, pl. 1, fig. 7 (The palæont. Soc. vol. xxiv).
1901	*Trigonia* aff. *gemmata*	P. Petitclerc. Supp¹ à la Faune du Bajocien inf. dans le Nord de la Franche-Comté, p. 133, n° 84, pl. iv, fig. 5, 6, 8, 9, 10, 11, 12: pl. vii, fig. 6.

M. E. Caillet m'a remis pour l'étudier l'empreinte calcaire d'une Trigonie dont il pouvait être intéressant de connaître l'espèce.

Après en avoir obtenu un moulage avec les procédés habituels, j'ai constaté que cette Trigonie ressemblait à s'y méprendre aux sujets de Comberjon (Bajocien inf.).

Il s'agirait donc encore ici d'une forme très voisine du *T. gemmata* Lyc., remarquable par ses côtes épineuses et son aspect élégant.

N° 71.— **Trigonia perlata ?** Agassiz.

Synonymie :

| 1840 | *Trigonia perlata* | Agas. Etudes crit. sur les Moll. fossiles (Trigonies), p. 19. tab iii, fig. 9 11. |
| 1861 | — — | Lyc. Monogr. of the Brit. foss. *Trigoniæ*. p. 22, pl. iii. fig. 3 (The palæont. Soc., vol. xxiv). |

| 1893 | *Trigonia perlata* | Bigot. Mém. sur les Trigonies, p. 63, pl. VII, fig. 3-5 (Extr. des Mém. de la Soc. Linn. de Normandie, XVIIe vol., 2e fasc.). |
| 1897 | — | P. de Loriol. Etude sur les Moll. et Brach. de l'Oxf. sup. et moyen du Jura bernois. 2e partie, p. 101, pl. XIII. fig. 11-13 (Mém. de la Soc. pal. suisse, vol. XXIV). |

Les marno calcaires de la couche 5 renferment pas mal de moules d'une Trigonie que je rapproche provisoirement du *T. perlata*. Les trop rares fragments de test (tombés entre mes mains) m'ont laissé voir que la coquille était allongée, comprimée et inéquilatérale. Les flancs sont ornés de plusieurs rangées de tubercules arrondis et prééminents ; les carènes portent également des tubercules, mais ceux-ci m'ont paru allongés. Je n'ai pu analyser les autres caractères.

N° 72. — **Unicardium globosum** d'Orbigny.

Synonymie :

1842-45	*Mactromya globosa*	Agas. Etudes crit. sur les Moll. fossiles (Myes), p. 200, tab. 9e, fig. 9-14.
1850	*Unicardium globosum*	d'Orb. Prodr. de Pal., vol. I. Oxfordien, p. 366, n° 313.
1878	—	Choffat. Esquisse du Call. et de l'Oxf. dans le Jura occidental. p. 124 (Extr de la Soc. d'Emul. du Doubs, 5e série, 3e vol.)
1897	—	P. de Loriol. Etude sur les Moll. et Brach. de l'Oxf. sup. et moyen du Jura bernois, 2e partie. p. 87, pl. XII, fig. 11-12 Mém. de la Soc. pal. suisse, vol. XXIV.
1905	—	A. Girardot. Paléontostatique jurassique, p. 120.

Espéce très renflée, d'assez grande taille, à crochets presque contigus. Ne se trouve qu'à l'état de moules à Baume-les-Dames ; dans la Côte-d'Or (Daix), M. E. Marion a recueilli la coquille entière.

Son ornementation consiste en stries d'accroissement saillantes, serrées et concentriques (1).

N° 73. — **Anisocardia tenera** Sowerby.

Synonymie :

1821	*Isocardia tener*	Sow. Min. Conch., vol. III, p. 171, lab. ccxcv, fig. 2.
1840	*Ceromya tenera*	Agas. Etudes crit. sur les Moll. fossiles (Myes), p. 34, tab. 8e, fig. 1-12.
1850	*Isocardia tenera*	d'Orb. Prod. de Pal., vol. I, Callovien, p. 338, n° 167.
1888	*Anisocardia tenera*	Schlippe. Die Fauna des Bath. im Oberrhein. Tieflande, p. 166, n° 192, taf. III, fig. 4.
1901	— —	P. Petitclerc. Suppl à la Faune du Baj. inf. dans le Nord de la Franche-Comté, p. 158, n° 102.
1905	*Anisocardia tener*	A. Girardot. Paléontostatique jurassique. p. 116.

Espèce de forme orbiculaire, très bombée, avec les crochets fortement recourbés et les valves généralement closes. Des stries concentriques d'une grande finesse recouvrent toute la surface.

Couche 5, d'une abondance extrême ; toutes les Collections.

N° 74. — **Solenotellina** cfr. **elongata** Roeder.

Synonymie :

1882	*Solenotellina elongata*	Roeder. Beitr. zur Kennt. des Terrain à Chailles, p. 05, taf. II, fig. 9 ; taf. IV, fig. 10.
1901	— —	P. de Loriol. Etude sur les Moll. et Brach. de l'Oxf. sup. et moyen du Jura bernois, 1er suppt, p. 57, pl. IV, fig. 6. (Mém. de la Soc. pal. suisse, vol. xxviii).

La coquille qui peut être rapportée, non sans une hésitation bien naturelle, aux types de Roeder est moins complète encore que le sujet de M. de Loriol ; elle est allongée, comprimée, inéquilatérale, presque

(1) Je prends ce renseignement sur les individus que M. E. Marion a bien voulu m'adresser.

lisse. Je ne puis me rendre compte de son épaisseur, ni de la direction et de la forme de la carène, car le fossile est encore empâté dans
le calcaire.

N° 75. — **Goniomya v. scripta** Sowerby.

Synonymie :

1819	*Mya v. scripta*	Sow. Min. Conch., vol. v, p. 46, tab. ccxxiv, fig. 2 5.
1853	*Goniomya v. scripta*	Morris et Lyc. Monogr. of the Moll. from the Great Ool., part. ii. (Bivalves), p. 140, tab. xiii, fig. 16. (The palæont. Soc., vol. xvii).
1895	—	Parona et Bon. Sur la Faune du Call. inf. de Savoie, p. 72 (Extr. des Mém. de l'Acad de Savoie, 4° série, t. vi).
1905	— —	A. Girardot. Paléontostatique jurassique, p. 109.

Mon exemplaire est plus petit que ceux figurés dans les ouvrages
ci-dessus nommés, son ornementation est aussi plus fine. Je ne vois
pas les côtes rayonnantes granuleuses dont parlent Terquem et
Jourdy. (Monographie de l'Étage Bathonien de la Moselle, p. 74).

Couche 5, très rare.

N° 76. — **Pleuromya decurtata** Phillips.

Synonymie :

1835	*Amphidesma decurtatum*	Phill. Illustrations of the Geol. of Yorkshire, part. i, p. 115, pl. vii, fig. 11.
1853	*Myacites decurtatus*	Morris et Lyc. Monogr. of the Moll. from the Great Ool., part. ii (Bivalves), p. 137, tab. xv, fig. 10ª. (The palæont. Soc., vol. xvii).
1871	*Pleuromya decurtata*	Terq. et Jourdy. Monogr. de l'Étage Bathonien de la Moselle, p. 83. (Mém. de la Soc. géol. de France, 2° série, t. ix, Mém. n° 1).
1895	— —	Parona et Bon. Sur la Faune du Callovien inf. de Savoie, p. 73 (Extr. des Mém. de l'Acad. de Savoie, 4° série, t. vii).

Les figures que je viens de citer (celles de l'ouvrage de Morris et Lycett particulièrement) représentent bien notre espèce à l'état de moule intérieur. Toutefois, sur des individus de Bavilliers (territoire de Belfort), en meilleur état de conservation, on distingue à la surface des valves des stries longitudinales assez nombreuses.

Couche 5, trois exemplaires. Ma Collection.

N° 77. — **Cercomya** cfr. **undulata** Sowerby.

Synonymie :

1827 *Sanguinolaria undulata* Sow. Min. Conch., vol. vi, p. 91, tab. DXLVIII, fig. 1.

1853 *Anatina undulata* Morris et Lyc. Monogr. of the Moll. from the Great ool., part. ii (Bivalves), p. 118, tab. xi, fig. 4 (The palæont. Soc., vol. xvii).

L'espèce que j'ai cherché à déterminer diffère de *C. antica* Agas.; elle se rapproche plutôt du type de Sowerby (fig. 1), est épaisse, assez allongée et un peu baillante à l'extrémité postérieure.

Couche 5, un unique exemplaire. Ma Collection.

N° 78. — **Pholadomya ovulum** Agassiz.

Synonymie :

1842-45 *Pholadomya ovulum* Agas. Etudes crit. sur les Moll. fossiles (Myes), p. 119, tab. 3, fig. 7-9 ; tab. 3', fig. 1-6.

1854 — — Laube. Die Bivalven des brauner Jura v. Balin, p. 42, tab. v, fig. 2.

1874 — — Moesch. Monogr. der Pholadomyen, p. 48, pl. xx, fig. 1-11 (Mém. de la Soc. pal. suisse, vol. 1).

1893 — — Choffat. Descr. de la Faune juras. du Portugal (Moll. lamellibranches), 1re livr., p. 12, pl. iv, fig. 8-12 (Commission des travaux géol. du Portugal).

1901 — — P. Petitclerc. Suppl' à la Faune du Baj. inf. dans le Nord de la Franche-Comté, p. 199, n° 128.

L. Jourdain avait récolté à Baume-les-Dames, dans les couches 3 et 5, plusieurs Pholadomyes de petite taille. J'ai pu en déterminer une :

elle est bien semblable à *P. oculum*, du Bajocien inf. de Comberjon.
L'espèce est courte, plus longue que large, assez renflée; elle a pour
ornements 8 à 10 côtes peu saillantes, son extrémité postérieure est
légèrement baillante.

BRACHIOPODES

N° 79. — **Aulacothyris pala** de Buch.

Synonymie :

1834	*Terebratula pala*	de Buch. Ueber Terebrateln, p. 114, tab. III, fig. 44 (Eine in der Königlichen Akad. der Wissensch. gelesene Abhand.).
1856-58	— —	Oppel. Die Juraf., Callovien, p. 574, n° 92.
1859	*Terebratula* (Waldheimia) *pala*	E. Desl. Mém. sur les Brachiopodes du Kell.-Rock, p. 30, pl. III, fig. 13 23 (Extr. des Mémoires de la Soc. Linn. de Normandie. t. IX).
1869	*Terebratula pala*	Qu. Petref. Deutschl., Brachiopoden, Drittes Heft, p. 354, tab. 47, fig. 71-77.
1879	*Waldheimia pala*	Szajnocha. Die Brachiopoden-Fauna der Ool. v. Balin bei Krakau, p. 21, n° 22, taf. V, fig. 9.
1893	*Aulacothyris pala*	Riche. Etude stratigr. sur le Juras. inf. du Jura mérid., p. 284 (Ann. de l'Université de Lyon, t. VI, 3ᵉ fasc.).

Par sa grande valve allongée et bombée, sa petite valve déprimée,
cette espèce forme bien un type spécial: on ne peut la confondre avec
A. impressa Bronn, qui a pour habitat les couches à *Creniceras
Renggeri*, en d'autres termes, les marnes gris-bleuâtre de l'Oxfordien
inf.

A. pala pullule à Baume-les-Dames : on en rencontre deux
variétés.

1ʳᵉ variété. — Les sujets sont allongés et étroits comme ceux de
Prénovel (Jura), de Montreuil-Bellay (Maine-et-Loire), Vils (Tyrol);
ils sont peu communs.

2ᵉ variété. — Les individus sont plus arrondis, à l'instar de ceux de Montbizot (Sarthe) ; ils sont, en outre, d'une abondance remarquable.

Couche 5, principalement : 1ʳᵉ variété type, ma Collection : 2ᵒ variété, toutes les Collections.

Nᵒ 80. — Dicthyothyris Smithi Oppel.

Synonymie :

1850	*Terebratula reticulata*	d'Orb. Prodr. de Pal., vol. 1, Callovien, p. 344, nᵒ 242.
1859	— —	E. Desl. Note sur le Callovien des env. d'Argentan, p. 22, pl. iv, fig. 9 (Extr. du Bull. de la Soc Linn. de Normandie, t. iv).
1893	*Dicthyothyris Smithi*	Riche. Etude stratigr. sur le Jura inf. du Jura mérid. p. 284 (Ann. de l'Université de Lyon, t. vi, 3 fasc.).

Les *Dicthyothyris* semblent être l'apanage des couches bathoniennes de Ranville (Calvados) où ils atteignent leur plus grande taille et acquièrent le degré d'ornementation le plus accentué.

Ces jolis fossiles ont pourtant laissé quelques représentants dans le Callovien du Doubs. Ils n'ont pas la livrée élégante de ceux de la Normandie, ils sont même plus petits, mais il serait difficile de les séparer du type de Smith, qui, à la vérité, est une variété du *D. coarctata* Park.

Couche 5, peu commun, rarement dégagé, cinq exemplaires. Collections E. et H. Caillet, la mienne.

Nᵒ 81. — Rhynchonella Ferryi E. Deslonchamps.

Synonymie :

1859	*Rhynchonella Ferryi*	E. Desl. Mém. sur les Brachiopodes du Kell. Rock, p. 49, avec 4 fig. intercalées (Extr. du t. xi des Mém. de la Soc. Linn. de Normandie).
1878	— —	Choffat. Esquisse du Call. et de l'Oxf. dans le Jura occidental, p. 104 (Extr. des mém. de la Soc. d'Emul. du Doubs, 5ᵉ série, 3ᵉ vol.).
1879	?...	?...	Szajnocha. Die Brachiopoden-Fauna der Ool. v. Balin bei Krakau, p. 31, nᵒ 31, taf. vi, fig. 18-21.

| 1893 | *Rhynchonella Ferryi* | Riche. Etude stratigr. sur le Juras. inf. du Jura mérid., p. 286 (Ann. de l'Université de Lyon, t. vi. 3ᵉ fasc.). |

Très belle espèce, n'est pas parfaitement connue et n'a pas encore été figurée avec toute la perfection désirable. Ressemble à *R. plica tella* Sow., du Bathonien, mais est plus longue, plus robuste ; a la petite valve plus bombée, les plis plus saillants, le crochet plus acuminé (1).

Couche 5, d'une très grande abondance et d'une conservation sou vent parfaite. Toutes les Collections.

Nᵒ 82. — Rhynchonella Oppeli E. Deslongchamps.

Synonymie :

1850	*Rhynchonella Acasta*	d'Orb. Prodr. de Pal., vol. 1, Callovien, p. 343, nᵒ 233.
1857	*Rhynchonella Oppeli*	Oppel. Die Juraf., Callovien, p. 575, nᵒ 96.
1859	—	E. Desl. Mém. sur les Brachiopodes du Kell.-Rock, p. 46, pl. v, fig. 13, 18, 22. (Extr. des Mém. de la Soc. Linn. de Normandie, t. xi).
1879	—	Szajnocha. Die Brachiopoden-Fauna der Ool. v. Balin bei Krakau, p 32, nᵒ 36, taf. v, fig. 19.

Cette Rhynchonelle a à peu près la taille du *R. triplicosa* Qu., elle est moins haute et a les plis du sinus mieux marqués.

Couche 5, trois exemplaires. Ma Collection.

Nᵒ 83. — Rhynchonella Orbignyi Oppel.

Synonymie :

| 1847 | *Rhynchonella Fischeri* | Rouill. Bull. de la Soc. imp. des Natur. de Moscou, t. xxii, nᵒ 1, tab. j. |
| 1856-58 | *Rhynchonella orbignyana* | Oppel. Die Juraf., Callovien, p. 577, nᵒ 100. |

(1) J'ai eu la faculté de comparer *R. Ferryi* avec *R. plicatella*, grâce à l'amabilité de M. S. S. Buckman ; le type anglais (de Broad Windsor) qu'il m'a communiqué m'a été fort utile.

1859	*Rhynchonella Fischeri*	E. Desl. Note sur le Callovien des env. d'Argentan, p. 42, pl. iv, fig. 16-17 (Extr. du Bull. de la Soc. Linn. de Normandie, t. iv).
1859	— —	E. Desl. Mém. sur les Brachiopodes du Kell.-Rock, p. 52, pl. vi, fig. 11 13 et 15, surtout. (Extr. des Mém. de la Soc. Linn. de Normandie, t. xi).
1901	*Rhynchonella Orbignyi*	J. Raspail. Contr. à l'étude de la Falaise de Villers sur-Mer, pl. xi, fig. 13 (Feuille des jeunes Naturalistes, iv⁰ série, n⁰ 369.

R. orbignyana se présente à Baume, sous deux aspects qui méritent d'être signalés : tantôt il est presque aussi haut que large avec un sinus portant seulement 3 à 4 côtes, tantôt il est sensiblement plus large que haut avec le sinus marqué de 6 à 7 côtes.

Couches 3 et 5 : les deux variétés très fréquentes et parfaitement conservées existent dans toutes les Collections.

N⁰ 84. — Rhynchonella Orbignyi (Oppel) var. jurensis Riche.

Synonymie :

1856-58	*Rhynchonella orbignyana*	Oppel (Pars). Die Juraf., Callovien, p. 577, n⁰ 100.
1859	*Rhynchonella Fischeri*	E. Desl. Mém. sur les Brachiopodes du Kell.-Rock, p. 52, pl. vi, fig. 14 spécialement. (Extr. des Mém. de la Soc. Linn. de Normandie, t. xi).
1883	*Rhynchonella* cfr. *orbignyana*	P. de Loriol et Schardt (Pars). Étude pal. et stratigr. des c. à *Mytilus* des Alpes vaudoises, p. 86, pl. xii, fig. 10-13 (Mém. de la Soc. pal. suisse, vol. x).
1893	*Rhynchonella Orbignyi*	(Oppel) var. *jurensis* Riche. Étude stratigr. sur le Juras. inf. du Jura mérid., p. 284, pl. ii. fig. 11-12 (Ann. de l'Université de Lyon, t. vi, 3⁰ fasc.).

Cette espèce est beaucoup plus rare que la précédente ; je ne vois guère, dans mes matériaux, que deux exemplaires qui puissent lui être rapportés avec certitude.

R. Orbignyi, var *jurensis* (dit M. Riche, p. 284 de son Etude stratigraphique sur le Jurassique inf. du Jura méridional) est une forme plus large que haute, rappelant une des figures précitées de Deslongchamps (fig. 14), mais avec un sinus plus accentué, plus brusquement détaché des deux lobes latéraux. Ce sinus porte, d'une manière constante : 5-6 côtes; son bord frontal, coupé carrément, correspond à une large surface, etc.

N° 85. — Rhynchonella palma ? Szajnocha.

Synonymie :

1879	*Rhynchonella palma*	Szajnocha. Die Brachiopoden-Fauna der Ool. v. Balin bei Krakau, p. 37, taf. vii, fig. 15-16.

L'espèce à laquelle je donne cette dénomination, non sans exprimer quelques doutes à l'égard de cette identification, est aplatie comme le type de Balin : elle porte le même nombre de plis, a le crochet aussi aigu et légèrement infléchi du côté de la petite valve, mais elle est toutefois un peu moins grande.

Couche 4, très rare. Ma Collection.

N° 86. — Rhynchonella Petitclerci Haas.

Synonymie :

1890	*Rhynchonella Petitclerci*	Haas. Kritische Beitr. zur Kennt. der Juras. Brachiop.-Fauna der Schweizerischen Jura, 2ᵉ partie, p. 85, tab. x, fig. 13 (Mém. de la Soc. pal. Suisse, vol. XVII). *Nota.* La pl. x a paru seulement dans le vol. XVIII.
1894	—	— P. Petitclerc. La Faune du Baj. inf. dans le Nord de la Franche-Comté, p. 116 (Extr. des Mém. de la Soc. d'Emul. de Montbéliard).
	—	— A. Girardot. Paléontostatique jurassique, p. 169.

M. H. Haas, mon dévoué confrère de l'Université de Kiel, a retrouvé cette petite forme dans un envoi de Brachiopodes que je lui avait fait, au début de mes recherches, sur l'ancien chemin de Cendrey. *R. Petit-*

clerci passe donc, du Bajocien inf. (Coulevon, Haute-Saône), dans le Callovien moyen (Baume-les-Dames, Doubs), sans avoir laissé de traces dans le Bathonien.

Couche 5, un seul exemplaire bien conservé. Ma Collection.

N° 87. — **Rhynchonella triplicosa** Quenstedt.

Synonymie :

1849	*Rhynchonella Acasta*	d'Orb. (Pars). Prodr. de Pal., vol. I, Callovien, p. 343, n° 233.
1852	*Rhynchonella triplicosa*	Qu. Handb. der Petrefakt., p. 454, tab. 36, fig. 26.
1859	— —	E. Desl. Mém. sur les Brachiopodes du Kell.-Rock, p. 44, pl. v, fig. 11. 12, 20, 23, 24 (Extr. des Mém. de la Soc. Linn. de Normandie, t. XI).
1891	— —	Haas. Etude monogr. et critique des Brachiopodes rhétiens et juras. des Alpes vaudoises, 3e partie, suppl‍t (fin), p. 142 (Mém. de la Soc. pal. suisse, vol. XVIII).
1905	— —	A. Girardot. Paléontostatique jurassique, p. 170.

Le sinus de cette petite Rhynchonelle porte un nombre de plis variable ; sur certains sujets, j'en compte de 2 à 4, sur d'autres : 5 et même 6 ; en général, les coquilles qui ne sont ni déformées ni écrasées n'en portent que 3.

Couches 3 et 5, assez peu commun. Collections E. Caillet et la mienne.

N° 88. — **Terebratula dorsoplicata** Suess.

Synonymie :

1849	*Terebratula bicanaliculata*	d'Orb. Prod. de Pal., vol. I, Callovien, p. 344, n° 245.
1859	*Terebratula dorsoplicata*	E. Desl. Mém. sur les Brachiopodes du Kell.-Rock, p. 19, pl. I, fig. 3-15 (Extr. du t. XI des Mém. de la Soc. Linn. de Normandie).
1879	— —	Szajnocha. Die Brachiopoden-Fauna der Ool. v. Balin bei Krakau, p. 6, n° 2, taf. I, fig. 4-9.

1905   *Terebratula dorsoplicata* A. Girardot. Paléontostatique juras-
            sique, p. 164.

Espèce très répandue et dont le signalement est trop connu pour y
revenir encore.

Couches 3 et 5, toutes les Collections.

N° 89. — **Terebratula Sæmanni** var. Oppel.

Synonymie :

1850   *Terebratula calloviensis*   d'Orb. (Pars). Prodr. de Pal., vol. 1,
            Callovien, p. 344, n° 248.

1856-58 *Terebratula Sæmanni*   Oppel. Die Juraf., Callovien, p. 570,
            n° 84.

1859   —   —   E. Desl. Note sur le Callovien des
            env. d'Argentan, p. 30, pl. iv, fig.
            19-20 (Extr. du Bull. de la Soc.
            Linn. de Normandie, t. iv).

1871   —   —   Qu. Petref. Deutsch., Brachiopo-
            des, p 418, tab. 50, fig. 64.

1878   --   —   Choffat. Esquisse du Call. et de
            l'Oxf. dans le Jura occidental, p.
            p. 104 (Mém. de la Soc. d'Emul.
            du Doubs, 5° série, 3° vol.).

1890-96   —   —   L. A. Girardot. Jurassique inf.
            lédonien, p. 591 et 612.

1905   —   —   A. Girardot. Paléontostatique juras
            sique, p 166.

Cette Térébratule a reçu des appellations très diverses : quelques
personnes l'ont rattachée au *Waldheimia obovata* Sow., d'autres en
ont fait une variété du *T. globata* Sow.; il en est encore, qui l'ont
assimilée au *T. elliptoides* Moesch, etc., etc.

Ces déterminations, basées sur des observations trop superficielles,
sont nécessairement erronées.

En effet, notre Térébratule est plus globuleuse que *W. obovata*, elle
a le front moins étendu ; elle n'a pas les plis si fortement accusés du
T. globata, est aussi courte que *T. elliptoides* et n'a pas le
crochet si épais et si recourbé.

Sa forme générale la rapproche sensiblement du *T. Sæmanni*
Oppel. De l'avis de M. Henri Douvillé, le savant professeur de l'Ecole
des Mines de Paris, qui a eu la complaisance de revoir et contrôler
mes déterminations, la susdite Térébratule doit être regardée comme
une variété bien établie du *T. Sæmanni* type, de Mamers (Orne).

Couches 3, 4 et 5, excessivement fréquent (surtout dans la c. 5) ; se présente sous trois aspects : 1º jeunes individus, presque identiques à l'espèce de Mamers, avec la petite valve un peu moins tombée sous le crochet et le front moins garni de faibles plis ; 2º coquilles plus adultes, deviennent en ce cas plus globuleuses ; 3º sujets ayant acquis leur entier développement, sont alors très renflés, plus hauts que larges : quelques coquilles ont exceptionnellement un faible méplat, peu apparent, de chaque côté de la commissure des valves.

Collections : S. S. Buckman, E. et H. Caillet, Th. Engel, G. Garret, A. Girardot, A. de Grossouvre et la mienne.

Nº 90.— **Waldheimia (Aulacothyris) carinata** Lamarck, var. cfr. **Mandelslohi** Oppel.

Synonymie :

1819   *Terebratula carinata*   Lamk. Animaux sans vertèbres, vol. VI, p. 25.

1857   *Terebratula Mandelslohi* Oppel. Die Juraf., Callovien p. 495, nº 85.

1862 *Terebratula* (Waldheimia *Mandelslohi* E. Desl. Pal. fᵒˢˢ, Terr. juras., Brachiopodes, p. 295, nº 57, pl. 85, fig. 3-5.

1874-1882 *Waldheimia carinata* var. *Mandelslohi* Davids. A Monogr. of the Brit. foss. Brachiopoda, vol. IV, Suppt., p. 180, nº 166, pl. xxiii, fig. 16-18 (The palœont. Soc.).

1904 *Waldheimia* (Aulacothyris) *carinata* Lamk., var. cfr. *Mandelslohi* Clerc. Etude monogr. des fossiles du Dogger de q. q. gisements du Jura, p. 84, pl. iii, fig. 10 (Mém. de la Soc. pal. suisse, vol. xxxi).

Si mes observations sont exactes, une forme très voisine de celle que je viens de nommer se trouverait associée, à Beaumes-les-Dames, avec *Rhynchonella Ferryi*. Elle est moins épaisse que les sujets de Furcil et de Deneyriaz (Suisse), et, parconséquent, les bords en sont plus tranchants.

Couche 5, trois exemplaires. Ma Collection.

Nᵒ 91. — **Waldheimia subrugata** E. Deslongchamps.

Synonymie :

1856 *Terebratula ornithocephala* E. Desl. Catalogue des Brachiopo
des de Montreuil-Bellay, p. 98
(Mém. de la Soc. Linn. de Normandie, t. 4).

1859 *Terebratula* (Waldheimia) *subrugata* E. Desl. Mém. sur les
. Brachiopodes du Kell.-Rock, p.
38, pl. v, fig. 1 (Extr. des Mém. de
la Soc. Linn. de Normandie, t. xi).

— *Terebratula subrugata* E. Desl. Note sur les Brachiopodes
du Callovien de la Voulte, p. 201,
pl. ii, fig. 7 (Mém. de la Soc.
Linn. de Normandie, t. iv).

Voisine de *T. ornithocephala* Sow., cette petite espèce ovalaire,
couverte de rides transversales, paraît excessivement rare dans le
Doubs : je n'en ai recueilli qu'un seul exemplaire dans la couche 5.
Il a beaucoup d'analogie avec les beaux sujets que j'ai reçus de
Mamers (Sarthe), sans en avoir la fraîcheur.

Nᵒ 92. — **Zeilleria (Waldheimia) biappendiculata** E. Des-
lonchamps.

Synonymie :

1856 *Terebratula biappendiculata* E. Desl. Catalogue des Brachiopodes de Montreuil-Bellay, p. 98
(Mém. de la Soc. Linn. de Normandie, t. v).

1856-58 — — Oppel. Die Juraf., Callovien. p. 574,
nᵒ 93.

1859 *Terebratula* (Waldheimia) *biappendiculata* E. Desl. Mém. sur
les Brachiopodes du Kell.-Rock,
p. 34, pl. iv, fig. 1 7 (Extr. des
Mém. de la Soc. Linn. de Normandie, t. xi).

1878 *Waldheimia biappendiculata* Choffat. Esquisse du Call. et de
l'Oxf. dans le Jura occidental, p.
104 (Extr. des Mém. de la Soc.
d'Emul. du Doubs, 5ᵉ série, 3ᵉ vol.)

1879 — — Szajnocha. Die Brachiopoden-Fauna
der Ool. v. Balin bei Krakau. p.
17, nᵒ 17, taf. iv, fig. 13 16.

Cette forme est caractéristique, son aspect est quelque peu bizarre. Elle est très bombée, a les deux valves séparées par une carène mousse, et la région opposée au crochet très échancrée. On la reconnaîtra sans peine parmi toutes les autres.

Couches 4 et 5, commun, mais de taille bien variable : à côté d'individus de quatre centimètres de diamètre, on en voit qui n'ont que 0m0015 millimètres. Toutes les Collections.

ECHINODERMES

ECHINOIDES

N° 93. — Collyrites elliptica (Desmoulins) Lamark.

Synonymie :

1816	*Ananchytes elliptica*	Lamk. Animaux sans vertèbres, t. III, n° 7, p. 26.
1835	*Collyrites elliptica*	Desmoulins. Etudes sur les Echinides, p. 48.
1857	—	—	Cott. et Triger. Echinides de la Sarthe, p. 82, n° 12, pl. XVIII, fig. 1-4.
1867	—	—	Cott. Pal. fr., Terr. juras., Echinides irréguliers, t. IX, p. 58, n° 9, pl. 10-12.
1890-91	—	—	P. de Loriol. Embranchement des Echinodermes. Descr. de la Faune juras. du Portugal, p. 124, pl. XXIII, fig. 6 (Comm. des travaux géol. du Portugal).
1903	—	—	Savin. Catalogue raisonné des Echinides foss. de la Savoie, p. 50 (Extr. du Bull. de la Soc. d'histoire nat. de la Savoie).

Cet Echinide n'est pas mieux partagé que le *Pygurus depressus* (dont je parlerai tout à l'heure) sous le rapport de la conservation ; il est toujours encroûté et ne fournit que de vilains échantillons, reconnaissables à leur forme oblongue, subcirculaire et déprimée.

D'après le colonel Jullien (1) qui a étudié tout spécialement l'Echinologie belfortaine, il y aurait lieu d'attribuer au *C. dorsalis* d'Orb. quelques-uns des sujets de Baume-les-Dames.

C. dorsalis est plus petit, plus renflé et moins allongé que *C. elliptica* ; tandis que le premier a la face supérieure à peu près uniformément bombée, le deuxième a cette même face plus élevée en avant que dans la région postérieure.

Couche 5, peu commun. Collections du colonel Jullien et la mienne.

N° 94.— Echinobrissus clunicularis (Llhwyd) d'Orbigny.

Synonymie :

1649	*Echinites clunicularis*	Llhwyd. Lithoph. Brit. Ichonogr., p. 48, n° 988.
1850	*Nucleolites clunicularis*	d'Orb. Prodr. de Pal., vol. 1. Callovien, p. 345, n° 259.
1857	*Echinobrissus clunicularis*	Cott. et Triger. Echinides de la Sarthe, p. 52.
1871	—	— Cott. Pal. fasc., Terr. juras., t. IX, Echinides irréguliers, p. 244.n°53. pl. 66. fig. 4-8 et pl. 67.
1872	—	— Desor et P. de Loriol. Descr. des Oursins foss. de la Suisse. p. 305, pl. XLVIII, fig. 3-8.
1905	—	— A. Girardot. Paléontostatique jurassique. p. 180.

E. clunicularis est peu abondant dans le Callovien du Doubs ; il se montre, au contraire, excessivement commun dans le Bathonien inf. (Vésulien) de la Haute-Saône où il vivait en colonies nombreuses (2).

Paraît limité à la couche 5 : 3 exemplaires. Ma Collection.

---

(1) Le Colonel Jullien, dont je me plais à rappeler le nom, avait une réelle sympathie pour le Président L. Jourdain. Ce fut lui qui, un des premiers, lui inculqua le goût de la Géologie, l'initia à la connaissance des êtres fossiles si communs encore dans les environs de Belfort et le décida finalement à créer une Collection.

(2) M. L. A. Girardot cite : *Echin. clunicularis*, dans le Callovien du Jura lédonien, à Courbouzon, à Binans ; Wohlgemuth l'a rencontré à Manois (Haute-Marne) et M. Riche dans neuf stations calloviennes, notamment à la Chanaz (Ain) ; j'ai moi-même constaté la présence de cet Echinide à Prénovel (Jura) où il est très fréquent et affecte une forme plus grêle que dans le Vésulien.

N° 95. — **Holectypus depressus** (Leske) Desor.

Synonymie :

1778	*Echinites depressus*	Leske. Additamenta ad Kleinii disp. Echinod., p. 164. pl. XL. fig. 5-6.
1856	*Holectypus depressus*	Wright. Monogr. on the brit. foss. Echinodermata. vol. 1, p. 260. pl. XIII. fig. 1 (The paleont. Soc.).
1871	—	Desor et P. de Loriol. Descr. des Oursins foss. de la Suisse, p. 258, pl. XXXXIV, fig. 3-4.
1873	—	Cotteau. Pal. f^{se}, Terr. juras., t. IX, Echinides irréguliers, p. 413, n° 99, pl. 103. fig. 8-14 : pl. 104 et 105.
1890-91	—	P. de Loriol. Embranchement des Echinodermes. Descr. de la Faune juras. du Portugal. p. 110, pl. XIX. fig. 3 (Comm. des travaux géol du Portugal).
1905	—	A. Girardot. Paléontostatique jurassique, p. 182.
Id.	—	Savin. Révision des Echinides foss. de l'Isère, p. 79.

Très anciennement connu, cet Oursin est commun dans le juras
sique : on peut le suivre depuis le Bajocien jusque dans le Corallien ;
il est surtout abondant dans le Callovien.

Couche 5, fréquent, mais assez mal conservé. Collections : E. et H.
Caillet. Ch. Clerc, G. Garret. Colonel Jullien et la mienne.

N° 96. — **Pygurus depressus** Agassiz.

Synonymie :

1847	*Pygurus depressus*	Agas. Catal. raisonné des Echin., p. 162, t. VII (Ann. des sciences nat., 3e série).
1857	—	Cott. et Triger. Echinides de la Sarthe, p. 90, n° 17. pl. XX, p. 1-6.
1860	—	Wright. Monogr. on the brit. foss. Echinodermata, vol. 1. p. 409 (The paleont. Soc.).
1869	—	Cott. Pal. f^{se}, Terr. juras., t. IX, Echinides irréguliers, p. 139, n° 26. pl. 31 et 32 (fig. 1).

1872   *Pagurus depressus*   Desor et P. de Loriol. Descr. des Oursins foss. de la Suisse, p. 339, pl. LVI, fig. 2-4.

Belle espèce. d'assez grande taille. de forme subcirculaire, plus longue que large, avec la face supérieure bombée et la face inférieure déprimée.

Couche 5, assez commun, médiocrement conservé. Collections de M. Émile de Bary, du Colonel Jullien et la mienne.

N° 97. — Rhabdocidaris copeoides (Agassiz) Desor.

Synonymie :

1840   *Cidaris copeoides*   Agas. Catal. syst. Ectyp. foss. Echinod. Musei Neocom.. p. 10.

1856   *Rhabdocidaris copeoides*   Desor. Synops. des Echin. foss.. p. 41, tab. IX, fig. 3 à 7.

1878   —   Cott. Pal. f[se], Terr. juras., t. X, 1re partie, Echinides réguliers, p. 269, pl. 214, fig. 1-3 ; pl. 215, fig. 4.

1905   —   V. Maire. Etudes géol. et pal. sur l'arrond[t] de Gray, p. 81 (Extr. de la Soc. grayloise d'Emul.).

Les radioles de cet Echinide varient extrêmement dans leur forme : ceux que j'ai recueillis à Baume les-Dames sont allongés, aplatis et couverts de fines granulations disposées en séries plus ou moins irrégulières, comme dans la fig. 1, pl. 214, de la Paléontologie f[se]. Je les ai trouvé séparés d'un individu de grande taille appartenant à la même espèce.

Ce sujet, d'une conservation médiocre, gisait au milieu de l'ancien chemin de Cendrey : il était encore engagé dans la roche. au moment de ma première visite à Baume. A en juger par le degré d'usure de sa partie inférieure, on avait dû fouler du pied ce fossile pendant une longue suite d'années.

Couche 5, peu commun, plus abondant à Bavilliers et à l'étang de de la Moèche, près Belfort (1). Collections du Colonel Jullien et la mienne.

Il me semble utile d'ajouter qu'un superbe échantillon de *R*.

---

(1) L'étang de la Moèche (ou de la Mèche) n'existe plus aujourd'hui. Pour se procurer des fossiles, il est nécessaire de pratiquer des fouilles dans les terrains avoisinants ce qui ne présente aucune difficulté sérieuse. Ceux que je possède de cette station, autrefois très réputée, proviennent de la Collection L. Jourdain.

ropenoides, recueilli autrefois par Parisot à Bavilliers, se trouve au musée de Belfort (1). On peut voir aussi, chez le capitaine Rollet qui connait à fond la géologie des environs de notre vieille place de guerre, plusieurs beaux exemplaires de ce même Echinide. C'est encore à Bavilliers qu'ils ont été découverts (2).

N° 98. — **Stomechinus Heberti** Cotteau.

Synonymie :

1884	*Stomechinus Heberti*	Cott. Pal. fse, Terr. juras., t. x, 2e partie, Echinides réguliers, p. 728, n° 481, pl. 463 et 464.

Jolie espèce, remarquable par l'abondance et la petitesse de ses tubercules qui augmentent à peine de volume à l'ambitus et à la face inférieure. J'en dois la détermination à mon confrère de Troyes, M. Jules Lambert dont j'ai mis souvent à contribution l'inépuisable complaisance.

Couche 5, très rare, moules intérieurs avec faibles portions de test ; plus fréquent et d'une belle conservation à l'étang de la Moëche. Ma Collection.

CRINOIDES

N° 99. — **Millericrinus** sp.

Je ne vois que deux fragments de tige et un article méritant d'être rapportés à ce crinoïde.

Couche 5, à la naissance des marnes. Ma Collection.

AMORPHOZOAIRES

N° 100. — *Scyphia bipartita* Qu. Der Jura, p. 668, tab 81, fig. 80.

Les Eponges fossiles manquent à peu près complètement à Baume. Je n'ai à enregistrer ici qu'une seule trouvaille convenable faite dans la couche 4 : il s'agit d'un *Scyphia*, en forme de tube calcaire assez gros. Ce tube est d'abord droit, puis il se partage en deux branches,

---

(1) Renseignement donné par le Colonel Jullien.
(2) Fait rapporté, dans une causerie familière, par M. Henri Caillet.

à la manière du sujet figuré dans « Der Jura » de Quenstedt. Toute la surface est criblée de cavités petites et serrées.

Nota. — J'ai dû négliger, dans ma nomenclature, un certain nombre de formes appartenant aux genres : *Ditremaria, Lucina, Myoconcha, Opis, Pleuromya, Saxicava*, etc., ainsi que plusieurs Brachiopodes (Térébratules) et Ammonites (Périsphinctes). L'étude de ces Mollusques, dont la conservation est loin d'être bonne, aurait exigé une somme de travail trop considérable, des connaissances plus approfondies et une bibliothèque beaucoup plus riche.

Indépendamment des **100** espèces de fossiles qui viennent d'être passées successivement en revue et sur lesquelles j'ai appelé l'attention de mes jeunes lecteurs, j'ai encore à énumérer les suivantes qui figurent dans les listes de M. Albert Girardot : je ne les avais pas mentionnées, car je ne les ai pas eues entre les mains.

CÉPHALOPODES

Stephanoceras coronatum Brug.

GASTROPODES

Pleurotomaria Nysa d'Orb.

PÉLÉCYPODES

Plicatula subserrata Goldf. — *P. Quenstedti* P. de Loriol.
Pecten fibrosus d'Orb.
Goniomya aff. *trapezina* Buv.

BRACHIOPODES

Rhynchonella cf. *varians* Schlot.
Waldheimia obovata? Sow.

En outre, M. L. Rollier a déterminé, à Grenoble, dans le laboratoire de la Faculté des sciences, les récoltes de M. Kilian (1).

Je les diviserai en deux catégories : La première comprendra les fossiles déjà désignés dans mon travail ;

La deuxième contiendra les formes dont il n'a pas encore été fait état. Elles seront précédées d'un astérisque.

(1) Je respecterai entièrement les termes de la classification adoptés par M. L. Rollier dont la compétence en Paléontologie est bien connue.

Première Catégorie

CÉPHALOPODES

Nautilus calloviensis Oppel.......................... 1 moule.
Cosmoceras Jason Rein. sp.
Ludwigia (Hecticoceras) *Hectica* Rein. sp............ 4 ex.
Ludwigia id. *nodosa* Qu.................. 1 ex.
Macrocephalites Herveyi Sow. sp..................... 1 ex.
Macrocephalites tumidus Rein. sp..................... 1 ex.
Perisphinctes sulciferus Oppel sp.................... 2 ex.
Reineckeia Greppini Oppel ou *R. Douvillei?* Steinm... 3 ex.

BRACHIOPODES

Rhynchonella triplicosa Qu. sp...................... 1 ex.

ECHINODERMES

Collyrites elliptica Lamk............................ 1 ex.

Deuxième catégorie

CÉPHALOPODES

**Ludwigia* (Lunuloceras) *Lunula* Rein. sp............. 1 ex.
**Perisphinctes latiensis* Neum...................... 1 ex.

PÉLÉCYPODES

**Ostrea* (Gryphæa) *Alimena* d'Orb................... 1 moule.
**Lima* (Plagiostoma) cfr. *cardiiformis* Sow........ 1 valve (test).
**Gervillia* cfr. *subcylindrica* Morr. et Lyc........... 1 moule.

BRACHIOPODES

**Terebratula* cfr. *farciliensis* Haas.................... 1 ex.
**Terebratula* cfr. *globata* Sow..................... 2 ex.
**Rhynchonella Ebningensis* Qu...................... 3 ex.
**Diethyothyris* sp........................... 1 ex.
**Zeilleria* sp............................... 2 ex.

CALLOVIEN SUPÉRIEUR, OXFORDIEN INFÉRIEUR ET SUPÉRIEUR

Faunule des marnes grises, couches 6 et 7 de la coupe
de M. A. GIRARDOT

Pour rendre mon étude plus instructive, je crois devoir signaler encore les fossilles rencontrés, jusqu'à ce jour, dans les marnes qui surmontent les calcaires et marno-calcaires du vieux chemin de Condrey (1).

CALLOVIEN SUPÉRIEUR

(Zone à *Peltoceras athleta*)

Couche 6, marne grise, terreuse, en partie recouverte.

Aptychus berno-jurensis Thurm.

G. *Aptychus* sp. (2).

Belemnites (Hibolites) *latesulcatus* d'Orb.

G. *Cosmoceras ornatum* Sow.

Distichoceras bipartitum Ziet.

Hecticoceras Brighti Pratt.

Hecticoceras cœlatum Coq. (3).

G. *Hecticoceras hecticum* Rein.

Hecticoceras punctatum Stahl.

Oppelia Mayeri P. de Loriol.

Oppelia inconspicua P. de Loriol.

Peltoceras annulare Rein.

Quenstedticeras Lamberti Sow.

G. *Reineckea Fraasi* Oppel.

G. *Terebratula dorsoplicata* Suess.

---

(1) Les fossiles que je vais énumérer ont été recueillis par MM. A. Girardot, L. Jourdain et moi-même ; la plupart d'entre eux ont été décrits et figurés par M. P. de Loriol, dans les mémoires de la Société paléontologique suisse (vol. 25 à 31).

(2) Les espèces précédées de la lettre G sont celles que M. A. Girardot a citées dans le « Système oolithique », p. 99.

(3) *Hecticoceras cœlatum*, *Oppelia Mayeri* et *O. inconspicua*, associés avec *H. punctatum* et *Quenstedticeras Lamberti*, sont très fréquents à Authoison (Haute-Saône), dans les marnes calloviennes, qui forment la base de la petite côte du « Voyet ».

OXFORDIEN INFÉRIEUR

(Zone à *Creniceras Renggeri*)

Couche 7, marne oxfordienne recouverte.
Notidanus Mönsteri Agas. (Dent).
Glyphea sp. (fragments de pinces).
Belemnites pressulus Qu.
Belemnites (Hibolites) *hastatus* Blainv.
Cardioceras Goliathum d'Orb.
Creniceras Renggeri Oppel.
Hecticoceras Bonarelli P. de Loriol.
Hecticoceras svevum Bon.
Harpoceras Hersilia d'Orb.
Kepplerites Petitclerci P. de Loriol (1).
Œkotraustes Kobyi P. de L.
Œkotraustes scaphitoides Coq.
Oppelia episcopalis P. de Loriol.
Oppelia Heimi P. de L.
Oppelia inconspicua P. de L.
Oppelia puellaris P. de L. (2).
Oppelia Richei P. de L.
Peltoceras athletoides Lah.
Peltoceras athletulum May-Eym. (3).
Peltoceras Constanti d'Orb.
Peltoceras Eugenii Rasp.
Perisphinctes bernensis P. de Loriol.
Perisphinctes Lillodensis P. de L.
Perisphinctes Kobyi P. de L.
Perisphinctes Matheyi P. de L.
Perisphinctes perisphinctoides Sinzov.
Perisphinctes Picteti P. de Loriol.
Phylloceras tortisulcatum d'Orb.

(1) Je reviendrai un jour (en parlant de la Faune si variée d'Authoison (Haute-Saône) sur *Kepplerites Petitclerci* et *Perisphinctes Picteti* : ces deux Ammonoïdées occupent un niveau spécial dans la série des couches oxfordiennes.

(2) *O. puellaris* était fréquent à Sccy-sur-Saône (Haute Saône) colline de Montaigu ; à l'heure actuelle, le gisement est couvert de plantations et irrémédiablement perdu.

(3) *P. athletulum*, petite espèce dont les côtes ne se bifurquent jamais (ce qui la distingue aisément des autres *Peltoceras* de la zone à *C. Renggeri*) ; est rarissime à Baume-les-Dames. A Tarcenay et à Epeugney, où les marnes sont bien à découvert et atteignent un plus grand développement, la même forme intéressante est un peu moins rare.

Phylloceras Zignodianum d'Orb.
Quenstedticeras Lamberti Sow.
Quenstedticeras Mariæ d'Orb.
Quenstedticeras Sutherlandiæ Murch.
Alaria Choffati P. de Loriol.
Alaria Ritteri P. de L.
Littorina Meriani P. de L.
Turbo Rollieri P. de L.
Pleurotomaria Münsteri Roem.
Nucula longiuscula Mérian.
Nucula Oppeli Etal.
Dacryomya acuta P. de L.
Aulacothyris impressa Bronn.
Rhynchonella minuta Buv.
Balanocrinus pentagonalis Goldf.
Goniaster impressæ Qu.

OXFORDIEN SUPÉRIEUR

(Zone à *Pholadomya exaltata*)

Glyphea Regleyana H. de Meyer (1).
   (Céphalothorax).
Rhynchonella Thurmanni Voltz.
Collyrites bicordata Leske.

---

(1) Ce débris de Crustacé a été recueilli par **M. l'abbé Eisté**, professeur au Séminaire
de Vesoul.

CONCLUSION

La Faune callovienne de Baume les-Dames, telle que je viens de l'expliquer, comprend donc 117 espèces.

Elles se répartissent ainsi dans les groupes admis en Zoologie :

Poissons	1	espèce.
Annélides	2	—
Céphalopodes	35	—
Gastropodes	11	—
Pélécypodes	39	—
Brachiopodes	21	—
Echinodermes	7	—
Amorphozoaires	1	
Total	117	espèces.

Comme on le voit, par ce tableau, les Céphalopodes et les Pélécypodes dominent à Baume les-Dames, puis viennent les Brachiopodes qui constituent une cohorte assez sérieuse avec leurs 21 formes ; les Gastropodes déterminables n'ont fourni que 11 espèces, mais ce chiffre pourra, je le crois, être dépassé, à la suite de nouvelles recherches. Quand aux Echinodermes, cette classe d'animaux si palpitante d'intérêt pour les collectionneurs, il sont plus communs que dans beaucoup de gisements similaires, mais représentés dans notre station bisontine par un trop petit nombre d'individus bien conservés.

Maintenant, la tâche que je m'étais imposée, dans le but d'être agréable à la jeunesse de nos Ecoles, est terminée ; il me reste à remercier, une fois de plus, le colonel Jullien et M. Louis Rollier qui ont mis le plus louable empressement à me fournir les renseignements géologiques que je sollicitais de leur bienveillance.

Je sais un gré infini à mes aimables confrères MM. Henri Douvillé, A. de Grossouvre, Hippolyt Haas et Jules Lambert dont les conseils, dans le travail si ardu de la détermination de nos fossiles calloviens, m'ont été d'un puissant secours ; j'ai aussi à témoigner ma vive reconnaissance à M. le Dr Albert Girardot, ainsi qu'à MM. Emmanuel et Henri Caillet, Charles Clerc, Georges Garret ; tous m'ont généreusement ouvert leurs vitrines, pour me permettre d'étudier les pièces les plus importantes de leurs Collections.

Enfin, je tiens à dire à MM. R. Friedlander et Sohn, les Libraires en renom de Berlin, combien ils m'ont fait plaisir en me communiquant des ouvrages rares ou épuisés que j'avais inutilement cherchés en France.

———×———

ESPÈCES AJOUTÉES PENDANT L'IMPRESSION

Dans le cours de l'impression de ces pages, j'ai pu déterminer deux autres Pélécypopes ; ils sont à joindre aux formes précédentes.

Le total des espèces constituant la Faune callovienne de Baume-les-Dames se trouve, par ce fait, porté au chiffre éloquent de 119.

PÉLÉCYPODES

N° 101. — Nucula Calliope d'Orbigny.

Synonymie :

1850	*Nucula Calliope*	d'Orb. Prodr. de Pal., vol. I, Callovien, p. 339, n° 177.
1905	— —	A. Girardot. Paléontostatique jurassique, p. 132.

Espèce petite, renflée, sans ornements. Signalée par d'Orbigny dans les environs de Besançon ; puis, par Parisot, dans ceux de Belfort.

Couche 5, deux exemplaires dont l'un est incomplet. Ma Collection.

N° 102. - Nucula Zieteni P. de Loriol.

Synonymie :

1830	*Nucula pectinata*	Zieten. Die Verstein. Würtembergs, p. 77, pl. LVII, fig. 8.
1899	*Nucula Zieteni*	P. de Loriol. Etude sur les Moll. et Brach. de l'Oxf. inf. du Jura bernois, p. 152, pl. X, fig. 10-13 (Mém. de la Soc. pal. suisse, vol. XXVI).

Inscrite, pendant longtemps, dans les traités de géologie. sont les noms de *N. pectinata*, *N. Ornati*, ou encore *Cucilia*, cette petite Nucule, fort bien étudiée par M. P. de Loriol, a été appelée définitivement : *Nucula Zieteni*.

Couche 5, deux exemplaires. Ma Collection.

NOTA

———

Le Mémoire de M. G. W. Lee, concernant la description des Terrains jurassiques de la région de la Faucille (1). m'est parvenu seulement le 5 avril dernier (après l'impression de la quatrième feuille de ma brochure) ; en sorte qu'à mon vif regret il ne m'a été possible de citer l'important travail de mon honorable confrère suisse et de tenir compte des renseignements très utiles qui y sont consignés.

Vesoul, 15 avril 1906.

P. PETITCLERC.

(1) Gabriel W. Lee. Contribution à l'étude stratigraphique et paléontologique de la Chaîne de la Faucille, avec douze figures dans le texte et trois planches d'Ammonites (Mémoires de la Société paléontologique suisse, volume XXXII). Genève, 1905.

DOCUMENTS CONSULTÉS

DOCUMENTS CONSULTÉS

Agassiz (L.). Description des Echinodermes fossiles de la Suisse
(Extrait du volume III des nouveaux Mémoires de la Société helvé-
tique des sciences naturelles). Neuchatel, 1839.

Agassiz (L.). Etudes critiques sur les Mollusques fossiles. Neuchatel,
1840.

Ammon (Ludwig V.). Die Jura-Ablagerungen zwischen Regensburg
und Passau (Abhandlungen des zoologisch-mineralogischen Verei
nes in Regensburg). München, 1875.

Bayle (E.). Explication de la Carte géologique de la France, tome IV
(Atlas), 1re partie, Fossiles principaux des Terrains. Paris 1878.

Beaudoin (Jules). Mémoire sur le Terrain Kelloway-Oxfordien du
Châtillonnais (Bulletin de la Société géologique de France. IIe série,
tome VIII). Paris, 1851.

Benecke (E. W.). Die Versteinerungen der Eisenerzformation, v.
Deutsch-Lothringen und Luxembourg (Abhandlungen zur geologischen spezialkarte v. Elsass-Lothringen. Neue Folge. Heft VII. Strassburg. 1905.

Bigot (A.). Mémoire sur les Trigonies (Extrait des Mémoires de la
Société Linnéenne de Normandie, XVIIe volume, 2e fascicule). Caen,
1893.

Blainville (H. Ducrotay de). Mémoire sur les Bélemnites considérées
zoologiquement et géologiquement. Paris, 1827.

Bonarelli, Hecticoceras novum genus Ammonidarum (Bolletino della
Societa malacologica italiana, volume XVIII). 1893.

Bonjour (Jacques). Catalogue des fossiles du Jura (Extrait des Annales de la Société des sciences naturelles de Lyon). Lyon. 1863.

Borne (Georg V.). Der Jura am Ostufer des Urmiasees (Inaug.-Disser-
tation zur erlangung der Philosoph. Doctorwürde, etc., der Verei-
nig. Friedrichs-Universität Halle-Wittenberg) Haalle A. S., 1891.

Brasil (Louis). Les genres *Peltoceras* et *Cosmoceras* dans les couches de Dives et de Villers-sur-Mer (Extrait du Bulletin de la Société géologique de Normandie, t. XVII, années 1894-95). Hâvre, 1896.

Branco. Der Untere Dogger v. Deutsch-Lothringen (Abhandlungen zur geologischen spezialkarte v. Elsass-Lothringen, Band II. Heft 1. Strassburg, 1879.

Bronn (H. G.). Lethæa Geognostica. Stuttgart, 1837.

Buch (Léopold v.). Über Terebrateln (Eine in der königlichen Akademie der Wissenschaften gelesene Abhandlung). Berlin, 1834.

Bukowski (Gejza). Ueber die Jurabildungen v. Czenstochau in Polen (Beiträge zur Paläontologie Oesterreich-Ungarns, v. 4). Wien, 1886.

Buvignier (Amand). Statistique géologique, minéralogique et paléontologique du département de la Meuse. Paris, 1852.

Chapuis et *Dewalque* (G). Description des fossiles des Terrains secondaires du Luxembourg. Liège 1852.

Chapuis (F.). Nouvelles recherches sur les fossiles des Terrains secondaires de la Province de Luxembourg (Académie royale de Belgique, extrait du tome XXXIII des Mémoires). Bruxelles, 1858.

Choffat (Paul). Esquisse du Callovien et de l'Oxfordien dans le Jura méridional (Mémoires de la Société d'Émulation du Doubs, 5ᵉ série, 3ᵉ volume). Besançon, 1878.

Choffat (Paul). Mollusques lamellibranches, 2ᵉ ordre (Asiphonida). Description de la Faune jurassique du Portugal (Commission des travaux géologiques du Portugal). Lisbonne, 1885-1888.

Choffat (Paul). Mollusques lamellibranches, 1ᵉʳ ordre (Siphonidae). Description de la Faune jurassique du Portugal (Commission des travaux géologiques du Portugal). Lisbonne, 1893.

Choffat (Paul). Ammonites du Lusitanien de la Contrée de Torres-Vedras. Description de la Faune jurassique du Portugal (Commission des travaux géologiques du Portugal). Lisbonne, 1893.

Cotteau (Gustave). Etudes sur les Echinides fossiles du département de l'Yonne. Paris, 1849-1856.

Cotteau et *Triger*. Echinides du département de la Sarthe. Paris, 1855-1869.

Cotteau (G.). Paléontologie française, Terrains jurassiques, tome IX, Echinides irréguliers. Paris, 1867-1874.

Cotteau (G.). Paléontologie française, Terrains jurassiques, tome X, 1re partie, Echinides réguliers, Paris, 1875-80 ; 2e partie (Idem), Paris 1880-1885.

Damon (Robert). Geology of Weymouth, Portland and coast of Dorsetshire. Weymouth, 1884.

Davidson (Thomas). A Monograph of the british fossil Brachiopoda, volume IV, Suppléments (The palæontographical Society). London, 1874-1882.

Deslongchamps (Eudes). Mémoires sur les coquilles du genre Gervillie (Mémoires de la Société Linnéenne de Normandie). Caen, 1823.

Deslongchamps (Eugène-Eudes). Mémoire sur les Brachiopodes du Kelloway-Rock dans le N. O. de la France (Extrait du tome XI des Mémoires de la Société Linnéenne de Normandie). Caen. 1859.

Deslongchamps (Eugène-Eudes). Notes sur les Brachiopodes du Callovien de la Voulte (Extrait du 4e volume du Bulletin de la Société Linnéenne de Normandie). Paris, 1859.

Deslongchamps (Eugène-Eudes). Note sur le Callovien des environs d'Argentan (Extrait du Bulletin de la Société Linnéenne de Normandie, tome IV). Paris, 1859.

Deslongchamps (Eugène-Eudes). Paléontologie française, Terrains jurassiques, Brachiopodes. Paris, 1862.

Deslongchamps (Eugène-Eudes). Rapport sur les fossiles oxfordiens de la collection Jarry (Mémoires de la Société Linnéenne de Normandie, IIe volume, 1er article). Caen, 1889.

Desor (E.). Synopsis des Echinides fossiles. Francfort-s. M., 1858.

Desor (E.) et *Loriol* (P. de). Description des Oursins fossiles de la Suisse (Echinides de la Période jurassique). Wiesbade, 1868-1872.

Dumortier (Eugène). Etudes paléontologiques sur les dépôts jurassiques du Bassin du Rhône, Lias inf. (2e partie) ; Lias moyen (3e partie) ; Lias sup. (4e partie). Paris, 1867-1874.

Dumortier (Eugène). Sur quelques gisements de l'Oxfordien inférieur de l'Ardèche. Lyon, 1871.

Engel (Theodor). Geognostischer Wegweiser durch Württemberg. Stuttgart, 1896.

Etallon (A.). Jura graylois, Faune du jurassique moyen (Mémoires de la Société d'Agriculture, d'Histoire naturelle et des arts utiles de Lyon). Lyon, 1860.

Etallon (A.). Etudes paléontologiques sur le Jura graylois (Mémoires de la Société d'Emulation du Doubs). Besançon, 1862.

Favre (E.) Description des fossiles du Terrain jurassique de la montagne des Voirons (Mémoires de la Société paléontologique suisse, volume II). Genève, 1875.

Fournier (A.). Documents pour servir à l'étude géologique du Détroit poitevin (Extrait du Bulletin de la Société géologique de France, 3e série, tome XVI). Paris, 1887.

Gemmellaro (G. Giorgio). Sopra Alcune Faune giuresi e liasiche della Sicilia Studi paleontologici. Palermo. 1872-1882.

Girardot (Dr Albert). Le Système oolithique. Paris, 1896.

Girardot (Dr Albert). Paléontostatique jurassique. Besançon, 1905.

Girardot (Louis-Abel). Jurassique inférieur lédonien. Coupes des étages inférieurs du Système jurassique dans les environs de Lons le-Saunier. Paris, 1890-1896.

Goldfuss (August). Petrefacta Musei Universitatis Regiæ Borussicæ Rhenanæ Bonnensis, etc. Dusseldorf, 1826.

Gottsche (Carl). Ueber Jurassische versteinerungen aus der argentinischen Cordillere (Inaugural-Dissertation zur Erlangung der philosophischen Doctorwürde an der Universität München). Cassel, 1878.

Greppin (Ed.). Etude sur les Mollusques des couches coralligènes d'Oberbuchsitten (Mémoires de la Société paléontologique suisse, volume XX). Genève, 1894.

Greppin (Ed.). Description des fossiles du Bajocien supérieur des environs de Bâle, 2o et 3e parties, fin (Mémoires de la Société paléontologique suisse, volumes XXVI et XXVII). Genève, 1899 1900.

Grossouvre (A. de). Note sur l'Olithe inférieure du bord méridional du Bassin de Paris (Bulletin de la Société géologique de France, 3e série, tome XIII). Paris, 1885.

Grossouvre (A. de). Sur le Système oolithique inférieur dans la partie occidentale du Bassin de Paris (Bulletin de la Société géologique de France, 3e série, tome XV). Paris, 1885.

Grossouvre (A. de). Etudes sur l'Etage Bathonien (Bulletin de la Société géologique de France, 3e série, tome XVI. Paris, 1888.

Grossouvre (A. de). Sur le Callovien de l'Ouest de la France et sur sa Faune (Bulletin de la Société géologique de France, 3° série. t. XIX). Paris, 1891.

Haas (H.) et *Petri* (Camille). Die Brachiopoden der Juraformation v. Elsass-Lothringen (Abhandlungen zur geologischen spezialcarte v. Elsass-Lothringen, Band II, Heft II). Strassburg, 1882.

Haas (H.). Brachiopodes rhétiens et jurassiques des Alpes vaudoises. 2° partie (Mémoires de la Société paléontologique suisse, volume XIV). Genève, 1887.

Haas (H.). Beiträge zur Kenntniss der jurassischen Brachiopoden fauna des schweizerischen Jura (Mémoires de la Société paléonto-logique suisse, volume XVIII). Genève, 1891.

Haug (Emil). Beiträge zur einer Monographie der Ammonitengattung Harpoceras (Inaugural-Dissertation, etc.) Stuttgart, 1885.

Hovaisky (David). L'Oxfordien et le Séquanien des Gouvernements de Moscou et de Riazan (Bulletin de la Société des Naturalistes de Moscou). Moscou, 1903.

Kilian (W.). Sur quelques Céphalopodes nouveaux ou peu connus de la Période secondaire (Extrait des Annales de l'Enseignement sup. de Grenoble, tome II, n° 2). Grenoble, 1890.

Kilian (W.). Carte géologique détaillée de la France, Feuille de Mont-béliard, n° 114. Paris, 1891.

Kilian (W.) et *Guébhard* (Adrien). Etudes paléontologiques et strati-graphiques du Système jurassique dans les Préalpes maritimes (Bulletin de la Société géologique de France, IV° série, tome II, Numéro 6, Réunion extraordinaire dans les Alpes maritimes, 2° partie). Paris, 1902.

Lahusen. Die Fauna der jurassischen Bildungen des Rjasanschen Gouvernements (Mémoires du Comité géologique, volume I, n° 1). Saint-Petersbourg, 1883.

Laube (Gustav). Die Bivalven des Braunen Jura v. Balin (Besonders Abgedruckt aus dem XXVII Bande der Denkschriften der Mathem-Naturwiss. classe der Kaiserl. Akad. der Wissenschaften). Wien, 1867.

Laube (Gustav). Die Echinodermen des Braunen Jura v. Balin (Beson-ders Abgedruckt aus dem XVII Bande der Denkschriften der Mathem-Naturviss. classe der Kaiserl. Akad. der Wissenschaften). Wien, 1867.

Laube (Gustav). Die Gastropoden des Braunen Jura v. Balin (Besonders Abgedruckt aus dem xxvii Bande der Denkschriften der Mathem-Naturwiss. classe der Kaiserl. Akad. der Wissenschaften). Wien, 1867.

Lent (Carl) et *Steimann* (Gustav). Die Rengggerithone im badischen Oberlande (Separat-Abdruck aus dem Mittheil. der grossh. Badischen Geol. Landes, ii Bd., Heft. 3). Heidelberg, 1892.

Loriol (P. de) et *Pellat* (E.). Monographie paléontologique et géologique des Étages supérieurs de la Formation jurassique des environs de Boulogne-sur-Mer (Extrait du tome xxiii des Mémoires de la Société de physique et d'histoire naturelle de Genève). Paris, 1874.

Loriol (P. de). Monographie paléontologique de la zone à *Ammonites tenuilobatus* d'Oberbuchsitten, 2ᵉ et dernière partie, volume viii). Genéve, 1881.

Loriol (P. de) et *Schardt* (H). Etude paléontologique et stratigraphique des couches à *Mytilus* des Alpes vaudoises (Mémoires de la Société paléontologique suisse, volume x). Genève, 1883.

Loriol (P. de). Embranchement des Echinodèrmes. Description de la Faune jurassique du Portugal (Commission des travaux géologiques du Portugal). Lisbonne, 1890-1891.

Loriol (P. de). Etude sur les Mollusques du Rauracien inférieur du Jura bernois (Mémoires de la Société paléontologique suisse, volume xxi). Genève, 1894.

Loriol (P. de). Etude sur les Mollusques de l'Oxfordien supérieur et moyen du Jura bernois, 1ʳᵉ et 2ᵉ parties (Mémoires de la Société paléontologique suisse, volumes xxiii et xxiv). Genève, 1896-1897.

Loriol (P. de). Etude sur les Mollusques et Brachiopodes de l'Oxfordien inférieur du Jura bernois, 1ʳᵉ et 2ᵉ parties, fin (Mémoires de la Société paléontologique suisse, volumes xxv et xxvi). Genève, 1898-1899.

Loriol (P. de). Etudes sur les Mollusques et Brachiopodes de l'Oxfordien inférieur du Jura lédonien, 1ʳᵉ partie (Mémoires de la Société paléontologique suisse, volumes xxvi). Genève, 1900.

Loriol (P. de). Etude sur les Mollusques et Brachiopodes de l'Oxfordien supérieur et moyen du Jura bernois, 1ʳᵉ suppl. (Mémoires de la Société paléontologique suisse, xxviii). Genève, 1901.

Loriol (P. de). Étude sur les Mollusques et Brachiopodes de l'Oxfordien supérieur et moyen du Jura lédonien, 1re et 3e parties, fin (Mémoires de la Société paléontologique suisse, volumes XIX et XXI). Genève, 1902 et 1904.

Lycett (John). A Monograph of the british fossil Trigoniæ (The palæontographical Society, volume XXIV). London, 1872-1879.

Maire (V.). Études géologiques et paléontologiques sur l'Arrondissement de Gray (Extrait de la Société grayloise d'Émulation). Gray, 1905.

Mallada (L.). Catalogo general de Las Especies fosiles encontradas en Espana (Del Boletino de la Comision del Mapa geologico). Madrid, 1892.

Marcou (Jules). Recherches sur le Jura salinois (Mémoires de la Société géologique de France, tome III, 2e série, 1re partie). Paris, 1848.

Martin (Jules). Le Callovien et l'Oxfordien du versant méditerranéen de la Côte-d'Or (Mémoires de l'Académie des sciences, arts et belles lettres de Dijon). Dijon, 1877.

Morris et *Lycett*. A Monograph of the Mollusca from the Great Oolite, chiefly from Minchinhampton and the Coast of Yorkshire (The palæontographical Society, volume XVII). London, 1854-1863.

Neumayr (M.). Die Cephalopoden-Fauna der Oolithe v. Balin bei Krakau (Herausgegeben v. der k. k. geologischen Reichsanstalt, Abhandlungen, Band V, Heft no 2). Wien, 1871.

Neumayr (M.). Die Ornatenthone v. Tschulkowo und die Stellung des russischen Jura. München, 1876.

Nicklès (René). Études géologiques sur la Woëvre, Callovien (Extrait du Bulletin de la Société des sciences de Nancy). Nancy, 1899.

Nikitin (S.). Die Jura-Ablagerungen zwischen Rybinsk, Mologa und Myschkin and der oberen Wolga (Mémoires de l'Académie impériale des sciences de Saint-Pétersbourg, VIIe série, tome XXVIII, no 5). Saint-Pétersbourg, 1881.

Nikitin (S.). Der Jura der Umgegend v. Elatma (Mémoires du Comité géologique, volume XIV) à Saint-Pétersbourg, 1881.

Nikitin (S.). Die Cephalopodenfauna der Jurabildungen des Gouvernements Kostroma (Mémoires du Comité géologique). Saint-Pétersbourg, 1884.

Noetling (Fritz). Der Jura am Hermon. Eine geognostische Monographie. Stuttgart, 1887.

Ogérien (Frère). Histoire naturelle du Jura, tome ɪ, Géologie. Lons-
le Saunier, 1867.

Ooster (W. A.). Catalogue des Céphalopodes fossiles des Alpes suisses,
ɪᵛᵉ partie. Genève, 1860.

Ooster (W. A.). Synopsis des Brachiopodes fossiles des Alpes suisses.
Genève 1863.

Oppel (Albert). Die Juraformation Englands, Frankreichs und des
Südwestlichen Deutschlands. Stuttgart, 1856-1858.

Oppel (Albert) Ueber jurassische Cephalopoden, ɪɪɪ (Palæontologische
Mittheilungen). Stuttgart. 1862.

Orbigny (Alcide d'). Paléontologie française, Terrains jurassiques,
tome 1ᵉʳ (Céphalopodes). Paris, 1842-1849.

Orbigny (Alcide d'). Prodrome de Paléontologie stratigraphique
universelle, 1ᵉʳ vol. Paris. 1850. ·

Orbigny (Alcide d') et *Cotteau* (G.). Paléontologie française, Terrains
jurassiques, tome 2ᵉ (Gastéropodes). Paris, 1850-1860.

Parisot (L.). Description géologique et minéralogique du Territoire
de Belfort (Extrait des Mémoires de la Société belfortaine d'Emulation). Belfort, 1877.

Parona (C. F.). La fauna fossile (Calloviana) di Acque Fredde sulla
sponda Veronese del Lac di Garda (Reale Accademia dei Lincei).
Roma, 1894.

Parona (C. F.) et *Bonarelli* (G.). Sur la Faune du Callovien inférieur
(Chanasien) de Savoie (Extrait des Mémoires de l'Académie de
Savoie, ɪᵛᵉ série, tome vɪ). Chambéry, 1895.

Petitclerc (Paul). Note sur les couches Kelloway-oxfordiennes d'Authoison (Extrait du Bulletin de la Société d'Agriculture, sciences
et arts de la Haute-Saône). Vesoul, 1884.

Petitclerc (Paul). La Faune du Bajocien inférieur dans le Nord de
la Franche-Comté, 2ᵉ partie. (Extrait des Mémoires de la Société
d'Emulation de Montbéliard). Montbéliard, 1894.

Petitclerc (Paul). Supplément à la Faune du Bajocien inférieur
dans le Nord de la Franche-Comté. Vesoul. 1901.

Petitclerc (Paul). Faunule du Vésulien de la Côte d'Andelarre, Haute-Saône (Feuille des jeunes Naturalistes, IV° série, n° 378). Paris, 1902.

Piette. Paléontologie française, Terrains jurassiques, tome III, Gastéropodes. Paris, 1891.

Phillips (John). Illustrations of the Geology of Yorkshire, partie I, The Yorkshire coast, 2° édition. London, 1835.

Phillips (John). A Monograph of british Belemnitidæ. (The palæontographical Society). London, 1865-1870.

Phillips (John). Geology of Oxford and the Valley of the Thames. Oxford, 1871.

Popovici-Hatzeg (V). Les Céphalopodes du Jurassique moyen du Mont Strungu, Roumanie (Mémoires de la Société géologique de France, n° 35). Paris, 1905.

Quenstedt (F. A.). Die Cephalopoden (Petrefactenkunde Deutschlands). Tübingen, 1846-1849.

Quenstedt (F. A.). Handbuch der Petrefactenkunde. Tübingen, 1852.

Quenstedt (F. A.). Dér Jura. Tübingen, 1858.

Quenstedt (F. A.). Die Brachiopoden (Petrefactenkunde Deutschlands). Leipzig, 1871.

Quenstedt (F. A.). Die Ammoniten des schwabischen Jura, Band II, der braune Jura. Stuttgart, 1886-1887.

Raspail (F. V.). Histoire naturelle des Ammonites. Paris, 1842.

Raspail (Julien). Contribution à l'Etude de la Falaise jurassique de Villers-sur-Mer (Feuille des jeunes Naturalistes, IV° série, n°ˢ 365-368). Paris, 1901.

Reinecke. Maris protogæi Nautilos et Argonautas vulgo Cornua Ammonis. Coburgi, 1818.

Résal (H.). Statistique géologique, minéralogique et minéralurgique des départements du Doubs et du Jura. Besançon, 1864.

Revil (J.). Etude sur le Jurassique moyen et supérieur du Mont-du-Chat (Extrait du Bulletin de la Société d'Histoire naturelle de Savoie). Chambéry, 1889.

Riaz (A. de). Description des Ammonites des couches à *Peltoceras transversarium* (Oxfordien supérieur) de Trept, Isère. Lyon, 1898.

Riche (Attale). Etude statigraphique sur le Jurassique inférieur méridional (Annales de l'Université de Lyon, tome vi, 3ᵉ fascicule).
Paris, 1893.

Riche (Attale). Esquisse de la partie inf. des Terrains jurassiques du
département de l'Ain (Extrait des Annales de la Société Linéenne
de Lyon, tome xli). Lyon, 1894.

Riche (Attale). Etude stratigraphique et paléontologique sur la zone à
Lioceras concavum du Mont d'Or lyonnais (Annales de l'Université
de Lyon, nouvelle série, fascicule 14). Lyon, 1904.

Roeder (Hans Albert). Beitrag zur Kenntniss des Terrain à Chailles
und seiner Zweischaler in der Umgegend v. pfirt im Ober-Elsass.
Strassburg, 1882.

Roemer (F. A.). Die Versteinerungen des Norddeutschen Oolithen-
Gebirges. Hannover, 1836-1839.

Roemer (Ferd.). Geologie v. Oberschlesien. Breslau, 1870.

Rollier (Louis). Formation jurassique des environs de Besançon
(Actes de la Société jurassienne d'Emulation de Porrentruy). Porrentruy, 1883.

Rollier (Louis). Résumé des relations stratigraphiques et orographi-
ques des Faciès du Malm dans le Jura (Archives des sciences physi-
ques et naturelles, 4ᵉ période, tome iii). Genève, 1897.

Savin (L.). Catalogue raisonné des Echinides fossiles du département
de la Savoie (Extrait du Bulletin de la Société d'histoire naturelle
de la Savoie). Chambéry, 1903.

Savin (L.). Révision des Echinides fossiles du département de l'Isère.
Grenoble, 1905.

Schalch (F.). Der braune Jura (Dogger) des Donau-Rheinzugues, ii
Teil, Separat-Abdruck aus den Mitteil. der grosse badischen geologischen Landesanstalt, iii Bd, 4 Heft). Heildelberg, 1898.

Schlippe (A. Oskar). Die Fauna des Bathonien im Oberrheinischen
Tieflande (Abhandlungen zur geologischen spezial carte v. Elsass-
Lothringen, Band iv, Heft iv). Strassburg, 1888.

Schlotheim (Baron V.). Die Petrefactenkunde. Gotha, 1820.

Siemiradzki (Jos. V.). Fauna Kopalna Warstw Oxfordzkich i Kim-
merydzkich. Krakowie, 1891.

Siemiradzki (Jos. V.). Die oberjurassische Ammoniten-Fauna in
Polen (Zeitschrift der deutschen geolog. Gesell. xliv, 3). 1892.

Siemiradzki (Jos. V.). Monographische Beschreibung der Ammonitengattung Perisphinctes (Separat-Abdruck aus Palæontographica, Band xLv). Stuttgart.

Sintzov. Carte géologique générale de la Russie, feuille 92, Saratov-Pensa (Mémoires du Comité géologique, volume vii, n° 1). St-Pétersburg, 1888.

Simionescu (Ioan). Fauna calloviana din Valea Lupului, Rucar (Academia română, Publicat. Fond. Vas. Adam., n° 111). Bucuresci. 1899.

Sowerby (James). The mineral Conchology of Great Britain. London. 1812-1829).

Stahl. Uebersicht über die Versteinerungen Würtembergs, Wurtembergische landwirthschaftliche Correspondenz Blatt, vol. vi. Stuttgart, 1824.

Steinmann (Gustav). Zur Kenntniss der Jura-und-Kreideformation v. Caracoles, Bolivie (Neues Jahrbuch für Mineralogie, Geologie und Palæontologie, i. Beilage-Band). Stuttgart, 1881.

Szajnocha (Ladislaus). Die Brachiopoden-Fauna der Oolithe v. Balin bei Krakau. Wien, 1879.

Teisseyre (Lorenz). Ein Beitrag zur Kenntniss der Cephalopoden fauma der Ornatenthone im gouvernement Rjäsan, Russland (Sitzb. d. Akad. d. Wiss. Wien, vol. 88). Wien, 1883.

Terquem (O.) et *Jourdy* (E.). Monographie de l'Etage Bathonien dans le département de la Moselle (Mémoires de la Société géologique de France, 2° série, tome ix, Mém. n° 1). Paris, 1871.

Thurmann (Jules). Abraham Gagnebin (Extrait des Archives de la Société jurassienne d'Emulation. Porrentruy, 1851.

Thurmann (J.) et *Etallon* (A.). Lethea Bruntrutana ou Etudes paléontologiques et stratigraphiques sur le Jura bernois. Porrentruy, 1859.

Trautschold (H.). Recherches géologiques aux environs de Moscou. Couche jurassique de Mniovniki (Bulletin de la Société des Naturalistes de Moscou). Moscou, 1861.

Waagen (William). Ueber die Zone des Ammonites transversarius (Geognostisch-Paläontologische Beiträge, Erster Band, Heft ii). München, 1866.

Waagen (William). Jurassic Fauna of Kutch, vol. i. i. The Cephalopoda (Mémoirs of the geological Survey of India, série ix). Calcutta, 1873.

Valette (Dom Aurélien). Les Ammonites du Département de l'Yonne (Extrait du Bulletin de la Société des sciences historiques et naturelles de l'Yonne, 1ᵉʳ semestre). Auxerre, 1903.

Weissermel (W.). Beitrag zur Kenntniss der Gattung *Quenstedticeras* (Zeitschrift der deutschen geologischen Gesellschaft, xLvii Band, 2 Heft). Berlin. 1895.

Wohlgemuth (J.). Recherches sur le Jurassique moyen à l'Est du Bassin de Paris (Extrait du Bulletin de la Société des sciences de Nancy). Paris, 1883.

Wright (Thomas). Monograph on the british fossil Echinodermata of the oolitic Formations (The palæontographical Sociéty). London, 1857-1880.

Zakrzewski (A. J. A.). Die grenzschicten des Braunen zum Weissen Jura in Schwaben (Inaugural-Dissertation, etc.). Stuttgart, 1886.

Zieten (C. H. V.). Die Versteinerungen Württembergs. Stuttgart, 1830.

TABLE GÉNÉRALE

(Par ordre alphabétique)

DES ESPÈCES COMPOSANT LA FAUNE

DU CALLOVIEN DE BAUME-LES-DAMES

(DoubS)

TABLE GÉNÉRALE

(Par ordre alphabétique)

DES ESPÈCES COMPOSANT LA FAUNE

DU CALLOVIEN DE BAUME-LES-DAMES

(Doubs)

www.ingramcontent.com/pod-product-compliance
Lightning Source LLC
LaVergne TN
LVHW020524210726
843507LV00026B/507